Gundula Christensen/Hans-Walter König

Kompetenzorientierte Sachaufgaben aus dem Alltag

Differenziert nach offenen, eingekleideten und komplexen Aufgaben

5./6. Klasse

Persen

Persen Verlag

Die Autoren

Gundula Christensen – Studium der Sonderpädagogik in Kiel mit den Fachrichtungen Lernbehinderten-pädagogik/Sprachheilpädagogik und den Fächern Mathematik/Sport, hauptamtlich tätig am Institut für Qualitätsentwicklung an Schulen in Schleswig-Holstein (IQSH): Aus-, Fort- und Weiterbildungstätigkeit in Mathematik, Lernbehindertenpädagogik und Diagnostik sowie in Bereichen der Unterrichts- und Schulentwicklung

Hans-Walter König – Studium der Lehrbefähigung zum Grund- und Hauptschullehrer in Flensburg, Studium Sonderpädagogik in Kiel mit der Fachrichtung Lern- und Sprachheilpädagogik, Studienleiter für Fort-, Aus- und Weiterbildung von Sonderpädagogen am IQSH in Schleswig-Holstein (Lernbehinderten-pädagogik, Mathematik, Pädagogische Diagnostik), Lehrplanarbeit im Bereich Grundschule und der Sonderpädagogik

Gedruckt auf umweltbewusst gefertigtem, chlorfrei gebleichtem und alterungsbeständigem Papier.

2. Auflage 2019
© 2011 PERSEN Verlag, Hamburg
AAP Lehrerwelt GmbH
Alle Rechte vorbehalten.

Illustrationen: Julia Flasche
Satz: Satzpunkt Ursula Ewert GmbH

ISBN 978-3-8344-**3059**-5

www.persen.de

Inhalt

Einführung

Didaktische Überlegungen

Aufgaben im Mathematikunterricht sollten vorrangig „Sachverhalte in Situationen" abbilden.

Unsere Auswahl und Zusammenstellung von Sachrechenaufgaben im Mathematikunterricht basiert auf der Annahme, dass ein Verständnis für Zahlen, Zahlenräume und Rechenoperationen …

- nicht auf der Basis abstrakter und formaler Übungen aufgebaut wird, sondern nur in Verbindung mit Erfahrungen/Vorwissen der Schülerinnen und Schüler erfolgen kann;

- immer im Zusammenhang mit vorstellbaren Situationen seitens der Schülerinnen und Schüler steht und …

- durch eine kontinuierliche Auseinandersetzung von Sachsituationen mathematische Begriffe und Zusammenhänge den Schülerinnen und Schülern besser verdeutlichen kann.

Erfolgreiches differenzierendes Unterrichten im Fach Mathematik ist aufgabenbezogenes Arbeiten und somit abhängig von drei Bedingungen:

1. Welche Anforderungen stellt die mathematische Aufgabe an den Lernenden? (sachstruktureller Aufbau)

2. Welche Voraussetzungen bringen die Schülerinnen und Schüler mit, um die Aufgabe zu bearbeiten? (individueller Leistungs- und Entwicklungsstand)

3. Welche Vorgehensweisen müssen gewählt werden, um Anforderungen und individuelle Vorstellungen zu verknüpfen? (didaktisch-methodische Entscheidungen, interaktive Vermittlung)

Ziel muss es sein, Sachverhalte des alltäglichen Lebens für das Verstehen von Zahlen und Rechenoperationen im Unterricht nutzbar zu machen und Schülerinnen und Schülern die Möglichkeit zu geben, *eigene* Zugänge zu finden, ihr Handeln darzustellen, zu begründen und mit anderen abzugleichen. Nur durch diesen Zugang können die geforderten Bildungsstandards im Unterricht angestrebt und entsprechende mathematische Kompetenzen entfaltet werden.

Die unten stehende Abbildung stellt die sechs mathematischen Kompetenzen der Bildungsstandards für die Sekundarstufe 1 dar und weist auf die inhaltsbezogenen mathematischen Kompetenzen hin, die sich auf fünf mathematische Leitideen beziehen[1]:

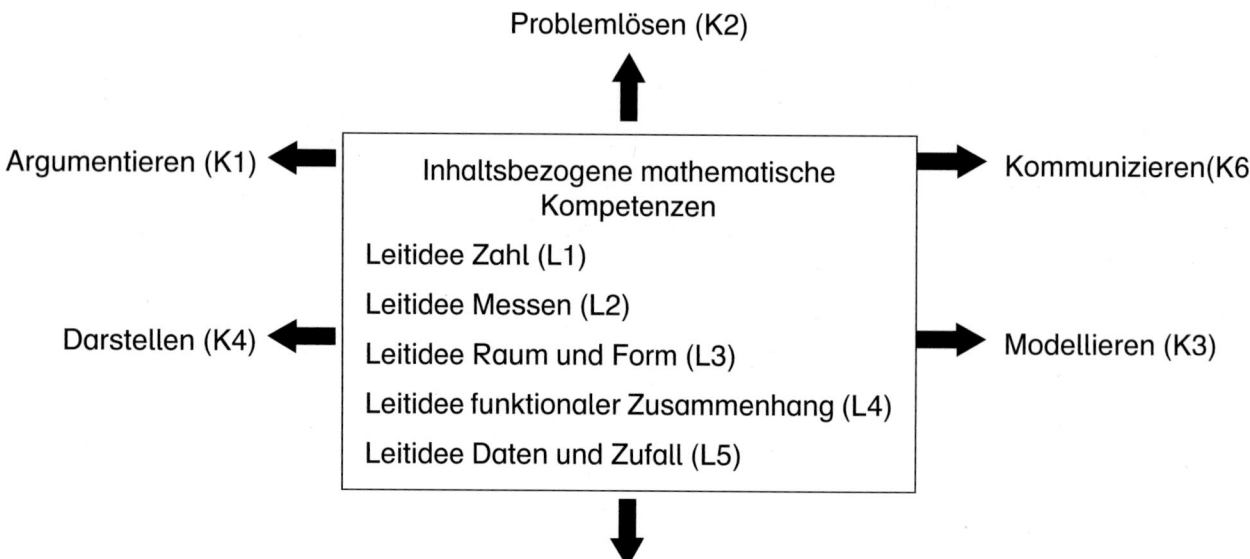

Allgemeine mathematische Kompetenzen

Problemlösen (K2)

Argumentieren (K1) ← | Inhaltsbezogene mathematische Kompetenzen
Leitidee Zahl (L1)
Leitidee Messen (L2)
Leitidee Raum und Form (L3)
Leitidee funktionaler Zusammenhang (L4)
Leitidee Daten und Zufall (L5) | → Kommunizieren (K6)

Darstellen (K4) ← → Modellieren (K3)

Umgehen mit symbolischen, formalen, technischen Elementen (K5)

---

[1] W. Blum/C. Drüke-Noe/R.Hartung/O.Köller (Hrsg): Bildungsstandards Mathematik. KonkretSekundarstufe I, Berlin 2006

Einführung

Das Sachrechnen tritt nicht als eigene Leitidee auf, sondern ist in allen Leitideen integriert. Eine Erarbeitung der allgemeinen mathematischen Kompetenzen ist ohne Situationsbezug im Unterricht kaum denkbar. Aus unserer Sicht steht somit die allgemeine mathematische Kompetenz *Modellieren* beim Bearbeiten von Situationen (Sachrechenaufgaben) im Vordergrund.

Allgemeine mathematische Kompetenzen

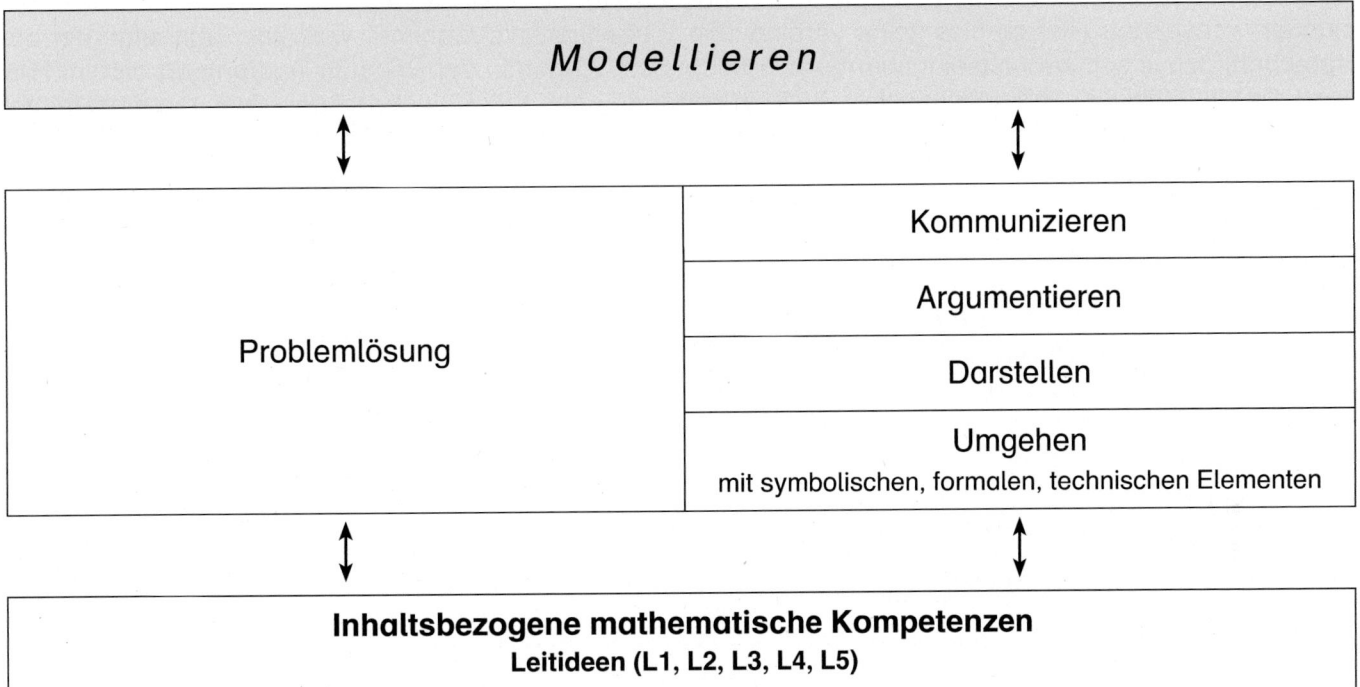

Das Denken und Rechnen in Sachzusammenhängen unterstützt und fördert – über das Verständnis von Zahlen und deren Beziehungen hinaus – u. a. ...

- das Strukturieren komplexer Sachverhalte (Sich ein Bild machen.),
- die Entwicklung eigener begründeter Vorgehensweisen,
- die Kommunikation mit Lernpartnern,
- die Präsentation eigener Zugangsweisen,
- die Nutzung medialer Darstellungen und Hilfen,
- den Umgang mit angenäherten Werten und Zahlen.

Für die Entwicklung der Allgemeinen mathematischen Kompetenzen ist eine inhaltliche und methodische Gestaltung des Sachrechnens erforderlich, die den Schülerinnen und Schülern Möglichkeiten eröffnet, sich mit Sachsituationen zunächst selbständig auseinanderzusetzen, um eigene Lösungsstrategien zu entwickeln und auf Plausibilität zu überprüfen.

Für das Sachrechnen muss den Schülerinnen und Schülern genügend Raum und Zeit gegeben werden, damit sie die Gelegenheit haben, sich zunächst mit offenen Problemstellungen eigenständig auseinanderzusetzen, sich in die Situation einzudenken, eigene Ideen zu entwickeln und sich ggf. Daten zu beschaffen und über Lösungswege mit anderen Schülerinnen und Schülern auszutauschen.

In unserer Aufgabensammlung werden diese Zugriffsmöglichkeiten berücksichtigt.

Einführung

Es werden größtenteils zu allen Sachaufgaben drei Aufgabenformen präsentiert:

- **EA**   eingekleidete Sachrechenaufgaben, die die Grundrechenoperationen einfordern,
- **SAR**   komplexe Sachrechenaufgaben, die mehrere Gedankenschritte einfordern,
- **PS**   Sachaufgaben, die mit offenen Problemstellungen beginnen.

In der fachdidaktischen Literatur werden für sachbezogene Mathematikaufgaben verschiedene Bezeichnungen verwendet. Hier gibt es keine verbindliche Einheitlichkeit. Generell wird von Textaufgaben gesprochen, da sie sachverhaltseingebundene Aufgabenstellungen in der Regel in Textform darbieten. Hier wird die Vielfältigkeit sachrechnerischer Zusammenhänge nach drei Kategorien geordnet, die nicht immer trennscharf zu unterscheiden sind, die jedoch über ihre unterschiedlichen Anforderungen und Zielsetzungen definiert sind.

Folgende Aufgabenformen in Sachzusammenhängen werden in dieser Aufgabensammlung für die Orientierungsstufe angeboten:

Eingekleidete Aufgaben (EA)	Komplexe Sachrechen-aufgaben (SAR)	Offene Sachrechen-aufgaben (PS)
Aufgaben, die einer Rechenoperation zugeordnet sind und in der Regel ein eindeutiges Ergebnis haben. Vorrangig: Darstellen von Vergleichssituationen	Aufgaben, die mehrere Lösungsschritte bzw. verschiedene Rechenoperationen einfordern	Aufgaben, die offene Problemstellungen aufzeigen, die eigene Lösungswege einfordern
Zielsetzung Übungen zu mathematischen Grundbegriffen (Rechenoperationen, Größen)	**Zielsetzung** Situationsverständnis über Strukturierung von Sachsituationen	**Zielsetzung** Fördern eigenständigen Lernens
Unterrichtsschwerpunkt Aufgaben, die von Schülerinnen und Schülern auch in Einzelarbeit gelöst werden sollten.	**Unterrichtsschwerpunkt** • Strukturieren von Aufgaben, bei denen die Darstellungsformen wie Skizzierungen im Mittelpunkt stehen • sollten von den Schülerinnen und Schülern in Partnerarbeit gelöst werden	**Unterrichtsschwerpunkt** • Informationen beschaffen und verarbeiten • eigene Zugangsweisen darstellen und begründen • in Partner- und/oder Gruppenarbeit lösen
Modellieren **Problemlösen, Kommunizieren, Darstellen, Argumentieren**		

Diese Anordnung der Aufgabenformen ist nicht hierarchisch zu betrachten. Die Formen unterliegen lediglich anderen Strukturen und verfolgen eigene didaktische Zielsetzungen. Sie fordern in unterschiedlicher Weise und Schwerpunktsetzung die Berücksichtigung der angeführten Bildungsstandards des Mathematikunterrichts ein. Schließlich ergeben sich gesonderte diagnostische Zugriffsweisen mit den damit verbundenen Aussagen zu den individuellen Lern- und Entwicklungsständen. Eine tabellarische Übersicht der Aufgabenformen und der jeweiligen eingeforderten Kompetenzen wird auf den nächsten Seiten beschrieben.

Für bedeutsam halten wir weiterhin die Fähigkeit, Daten, Werte und Zahlen aus Alltagssituationen so zu verwenden bzw. anzupassen, dass sie einen schnelleren Überblick über die zu bearbeitende Sachsituation erlauben. Überschlagsrechnungen erscheinen in vielen Fällen lebenspraktischer als exakte rechnerische

G. Christensen/H.-W. König: Kompetenzorientierte Sachaufgaben aus dem Alltag
© Persen Verlag

Einführung

Lösungen. Außerdem ist es für Schülerinnen und Schüler eine wertvolle Erfahrung, dass im Mathematikunterricht – anders als bei den formalen Rechenübungen – im Zusammenhang mit einzelnen Sachverhalten auch in etwa gleiche Ergebnisse „richtig" sein können.

Ein Unterrichten in dieser Form – das ein parallel laufendes Einüben von Arbeitstechniken und Automatisieren von Rechenfertigkeiten mit einbezieht – kann nicht in der Form eines geradlinigen Curriculums (= Lehrgang) erfolgen. Schülerinnen und Schüler denken verschieden. Die Lehrkraft kann ihren Schülerinnen und Schülern das Denken nicht abnehmen. Auch ist nicht zwangsläufig das „richtige Rechnen" das vorrangige Ziel der Aufgabenbearbeitung, sondern eher die Auseinandersetzung mit einer Problemstellung, mit einem Sachverhalt in einer Situation. Ohne eine solche Auseinandersetzung findet Denken faktisch nicht statt. Bei einer Unterrichtsdifferenzierung, die sich so versteht, den Schülerinnen und Schülern alle vermeintlichen Schwierigkeiten aus dem Weg zu räumen, findet keine (Entwicklungs-)Förderung statt. Die Lehrkraft soll den Schülerinnen und Schülern bei Bedarf mediale und individuelle Hilfen bereitstellen und sie vor allem auch auffordern, miteinander über die Aufgabenstellung zu kommunizieren.

Ein so gestalteter kompetenzbezogener Unterricht beachtet kontinuierlich und konsequent verschiedene Aspekte, dazu gehören vor allem:

- **Orientierungsphase**
  Anknüpfen, Aufgreifen und Weiterentwickeln von Sach- und Handlungszusammenhängen: z. B. Vorerfahrungen, Vorwissen aktivieren, Begriffe klären und aufeinander beziehen – Syntagmen nutzen, um ein semantisches Netzwerk entfalten zu können.

- **Aneignungsphase**
  Eigene Vorgehensweisen und Lösungswege aufzeigen: z. B. Möglichkeiten der Informationsbeschaffung, Verwendung von Medien (Repräsentanten), alle Abbildungstätigkeiten und Darstellungsformen (Zeichnungen/Bilder, Skizzen, Grafiken, Zeichen usw.), alle Formen der Zusammenarbeit, des Informationsaustausches.

- **Auswertungsphase**
  Präsentieren der Vorgehensweisen (Anwendung von Strategien): Kommunizieren, Argumentieren, Problemlösen (Begründen, Vergleichen, Bewerten – auch im Sinne einer „Rechenkonferenz").

  [Rechenkonferenz meint: Einige Schülerinnen und Schülern einer Lerngruppe stellen ihre Ergebnisse der Klasse vor. (Auftrag für die präsentierenden Schüler: Erkläre und begründe deinen Mitschülern mithilfe deiner Zeichnung deinen Lösungsweg. Auftrag Mitschüler: Höre deinem Mitschüler genau zu, du kannst Verständnisfragen stellen. Vergleiche deine Zeichnung mit denen der Mitschüler. Abschließendes Bewerten der Lösungswege und -strategien durch Schülerinnen und Schüler)]

Hinweise zum Einsatz der Aufgabensammlung

Diese Sachaufgabensammlung ...

- soll in sinnstiftenden Kontexten unterrichtlich eingesetzt werden, d. h. die Aufgaben sind nicht ausschließlich im Mathematikunterricht einzusetzen, sondern erlauben eine Einbettung in themenbezogenes, fächerübergreifendes, projektorientiertes Unterrichten.

- zeichnet sich durch ihre Ergiebigkeit hinsichtlich flexibler Bearbeitungsmöglichkeiten durch die Lernenden aus.

- wird bewusst nicht hierarchisiert, da die Lernenden unterschiedliche Zugriffsweisen wählen.

- kann als Zusatzangebot neben Unterrichtswerken eingesetzt werden.

- kann stets variiert und ergänzt werden, d. h. es kann sinnvoll sein, die Aufgabenbeispiele in ihrem Zahlenbereich zu verändern oder die angesprochene Problemstellung auf andere Sachverhalte mit anderen Größenbereichen zu übertragen.

- kann wöchentlich ritualisiert als die „Sachrechenaufgabe der Woche" eingesetzt werden.

- soll vorrangig von den Schülerinnen und Schülern in Einzelarbeit begonnen, aber in Partner- und Gruppenarbeit kommuniziert werden.

Einführung

- kann über verschiedene Methoden, z.B. kooperatives Lernen – das Prinzip der Think-Pair-Share-Methode – erarbeitet werden.

- initiiert gezielt Gesprächsanlässe der Schülerinnen und Schüler z.B. innerhalb einer Rechenkonferenz.

- fördert eigenständiges Lernen. Dazu ist es unerlässlich, bestimmte Arbeitsschritte bzw. Bearbeitungs-strategien sorgfältig mit den Schülerinnen und Schülern gemeinsam zu entwickeln bzw. zu erarbeiten. Handlungsleitende Piktogramme können hilfreich sein. Ein Beispiel der Bearbeitungshilfen s.u.

- erfordert besonders das Zeichnen, das Skizzieren von Handlungssituationen.

- führt zu einem produktiven Umgang mit anspruchsvollen Sachrechenaufgaben – unterstützt durch eine Materialkiste, die z.B. Thermometer, Maßbänder, Zollstöcke, analoge Uhren, Stoppuhren, Waagen, Fahrpläne, Prospekte usw. enthält.

Beispiel :

Mögliche Bearbeitungsschritte[2]
beim Lösen von Sachaufgaben

1. Ich untersuche die Aufgabe

a) Ich lese den Text genau und schaue mir das Bild/die Grafik genau an. Ich lasse mir Zeit.

b) Ich versuche, das Problem und die Rechenschritte herauszufinden.

2. Ich mache mir ein Bild von der Situation

a) Ich stelle mir die Situation vor, erzähle sie meinen Lernpartnern und bespreche sie mit ihnen.

b) Ich versuche, die Situation nachzuspielen oder zeichne mir eine Skizze.

c) Welche Wörter kenne ich nicht. Welche Informationen fehlen mir?

d) Ich frage meine Lernpartner, Freunde, Eltern, Lehrer, Lexikon, PC usw.

3. Ich mache mich an die Lösung der Aufgaben

a) Welche Zahlen brauche ich?

b) Ich überlege und suche die richtigen Rechenzeichen.

c) Ich schreibe die Rechenaufgabe auf.

d) Ich rechne die Aufgabe aus.

e) Ich schreibe den Antwortsatz auf.

4. Ich prüfe den Rechenweg und die Lösung

a) Ich kann den Rechenweg beschreiben und kenne die Lösung.

b) Ich überprüfe meine Lösung.

Kann es das Ergebnis in der Wirklichkeit auch geben!?

---

[2] Siehe auch S. 20

G. Christensen/H.-W. König: Kompetenzorientierte Sachaufgaben aus dem Alltag
© Persen Verlag

Diagnostische Fragestellungen zu den Allgemeine Kompetenzen Mathematik – Jahrgangsstufen 5/6
Denken und Rechnen in Sachzusammenhängen
Modellieren: Problemlösen – Darstellen – Begründen – Argumentieren

Rechenaufgabe (EA): Eingekleidete Aufgaben: Zahlbeziehungen – Operationen verstehen – in Kontexten rechnen – funktionale Beziehungen (Simplex)	Beispiel
A. Erfassen einfacher Sachverhalte unter dem Aspekt von Handlungsabfolgen (Reihen bilden)	Eine Fernsehsendung beginnt um 17:05 Uhr. Sie dauert 45 Minuten. Danach folgt die Tagesschau.

• Erkennung von Plus-/Minussituation (aus Handlung/Bild/Text/Erzählung)
– Zuordnungen von Zahlen, Größen und Operationszeichen zu Situationen
– Fragen formulieren
– Übertragung von Zahlen und Zeichen bei Situationsveränderungen
– Finden ähnlicher Rechensituationen
– Zuordnung entsprechender Rechenoperationen auch bei sprachlichen Veränderungen: erhält, verdient sich, gibt aus, kauft sich, hat jetzt ... mehr, hat jetzt ... weniger usw. (Verwendung/Verstehen eines „Semantischen Netzwerkes")

| B. Darstellen einfacher Sachverhalte unter dem Aspekt der Invarianz von Mengen (Gruppen bilden) | Im Bus befinden sich 58 Personen. 27 Personen sind Frauen und 15 Personen sind Männer. Bei den anderen Personen handelt es sich um Kinder. |

• Darstellung der Situation unter Verwendung
– von Material (Repräsentanten)
– einer ausführlichen Zeichnung
– einer vereinfachten Zeichnung (Skizze)
• Zuordnung von Mengen/Zahlen zu Tätigkeiten, Orten oder anderen Ereignissen bzw. Merkmalen
– Ableitung von Rechenaufgaben
– Finden einfacher Sachsituationen zu Rechenoperationen
– Überprüfung des Ergebnisses auf Plausibilität

| C. Verstehen und Bearbeiten von Vergleichssituationen | 1 Liter Benzin kostet jetzt 1,49 €. Das sind 25 Cent mehr als vor 6 Monaten. |

• Darstellung der Situation unter Verwendung
– von Material (Repräsentanten) – zielgerichtet oder durch Ausprobieren
– mithilfe einer Zeichnung (ausführlich oder vereinfacht)
– über direkten Zahlenvergleich (um 3 größer/kleiner)
• Bilden von Rechenaufgaben
– einer Plus- oder Minusaufgabe
– Variation von Rechenaufgaben (Erkennen, dass Plus- und Minus-Formulierungen den gleichen Sachverhalt abbilden)
– Erklären von Ergänzungs-(Platzhalter-)Aufgaben
– Überprüfung des Ergebnisses auf Plausibilität

Sachrechenaufgaben: (SAR) In Kontexten rechnen – funktionale Beziehungen – Datenerfassung und -auswertung – Gesetzmäßigkeiten in Mustern (Komplex)		Beispiel
A. Erfassen und Gliedern einfacher Sachverhalte (Aufgabe enthält zumindest zwei verschiedene Rechenoperationen.)	– Beachtung der zeitlichen Handlungsabläufe – Nutzen von medialen Hilfen (Repräsentanten, Zeichnung, Skizze) zur Klärung der Situation – Zuordnung der zeitlichen Abläufe zu den Rechenoperation – Erkennung und Beschreibung des Handlungsablaufs über die Zahlen und die Rechenaufgabe – Überprüfung des Ergebnisses auf Plausibilität	Für die Anschaffung von Möbel stehen 500,00 € zur Verfügung. Ein Stuhl kostet 39,00 Euro, ein Tisch kostet 69,00 €. Eingekauft werden 2 Tische und 8 Stühle.
B. Erfassen und Gliedern komplexer Sachverhalte (Aufgaben, die zur Lösung mehrere Gedankenschritte erfordern.)	– Beachtung der zeitlichen Handlungsabläufe – Nutzen von medialen Hilfen (Repräsentanten, Zeichnung, Skizze) zur Klärung der Situation – Zuordnung der zeitlichen Abläufe zu den Rechenoperation – Entwickeln individueller Lösungsstrategien und Begründung eigener Vorgehensweisen – Vergleich und Beurteilung verschiedener Vorgehensweisen – Überprüfung des Ergebnisses auf Plausibilität und Abgleichung mit anderen	Ein Leistungssportler trainiert täglich wechselnd 4 und 5 Stunden. Im Monat muss er insgesamt 150 Stunden trainieren. Nach wie vielen Tagen hat er sein Trainingssoll erfüllt?
C. Erfassen und Gliedern komplexer Sachverhalte, die Vergleiche enthalten	– Nutzen von medialen Hilfen (Repräsentanten, Zeichnung, Skizze) zur Klärung der Situation – Sachlogische Ableitung der Zahlen und Größen – Beachtung einer systematischen Vorgehensweise – Zuordnung der Zahlen und Größen zu den entsprechenden Personen/Ereignissen – Entwickeln individueller Lösungsstrategien und Begründung eigener Vorgehensweisen – Überprüfung des Ergebnisses auf Plausibilität und Abgleichung mit anderen	Die Klassen 5a, 5b und 5c sammeln Geld für ihre Klassenfahrt. Die Klasse 5b hat 540 € gespart, die Klasse 5c hat die doppelte Summe zusammenbekommen. Die Klasse 5a hat 190 € weniger als die Klasse 5c.
D. Erfassen und Gliedern von Sachverhalten, die sich aus der Datenerfassung und -auswertung ergeben.	– Entnahme von Informationen (Zahlen, Größen) aus Grafiken und Tabellen – Vergleiche herstellen und Beziehen einzelner Zahlenwerte aufeinander – Zusammenfassung von Gruppen und Vergleiche mit anderen Gruppierungen – Überprüfung von Aussagen und Behauptungen auf ihre Richtigkeit – Abgleichung von Ergebnissen mit anderen – Beurteilung der Ergebnisse/ Aussagen für die Wirklichkeit	Tabellarische bzw. grafische Darstellung (Säulendiagramm) von z. B. sportlichen Leistungen

G. Christensen/H.-W. König: Kompetenzorientierte Sachaufgaben aus dem Alltag
© Persen Verlag

Problemstellung (PS):
Offene Aufgaben – Forscheraufgaben: Datenerfassung und -auswertung – Muster und Strukturen

		Beispiel
A. Erfassen und Gliedern von Sachverhalten, die dem Zufall und der Wahrscheinlichkeit unterliegen	– Erzählen von Aufgaben/Situationen mit eigenen Worten – Übertragung auf eigenes Wissen/ Verhalten – Beachtung der zeitlichen Handlungsabläufe – Nutzen von meialen Hilfen (Repräsentanten, Zeichnung, Skizze) zur Klärung der Situation – Ausprobieren/Erstellen von Versuchsreihen zur Überprüfung von Zufall und Wahrscheinlichkeit – Sprachliche Abstufung von Aussagen unterschiedlicher Wahrscheinlichkeit (selten – oft – nie – möglich – wahrscheinlich – unzulässig usw.) – Variation der Situation zur Erhöhung oder Verminderung der Wahrscheinlichkeit – Vorstellung der Ergebnisse und Vorgehensweisen – Diskussion über verschiedene Vorgehensweisen – Vergleich und Beurteilung verschiedener Vorgehensweisen	Konstruiere einen Würfel, bei dem wahrscheinlich die Sechs am häufigsten und die Eins am wenigsten fällt!
B. Erfassen und Gliedern von Aufgaben, die Probleme einer authentischen Situation wiedergeben und individuelle Lösungen einfordern	– Erzählen der Aufgabe mit eigenen Worten – Hineindenken in diese (eine vergleichbare) Situation – Sachverhalt gliedern – Planungsschritte mit anderen gemeinsam überlegen – Planungsschritte festlegen – Informationsquellen suchen und nutzen – Nutzen von medialen Hilfen (Repräsentanten, Zeichnung, Skizze) zur Klärung der Situation – Zuordnen von Rechenoperationen zu Handlungsschritten oder Ereignissen – Erkennen und Festigen von Rechenabfolge – Erklären von Handlungsabläufen über die Zahlen und Rechenoperationen – Finden individueller Lösungsstrategien – Begründen eigener Vorgehensweisen – Vergleich und Beurteilung verschiedener Vorgehensweisen – Überprüfung der Ergebnisse auf Plausibilität, Abgleichung mit anderen	Vor der Achterbahn auf dem Jahrmarkt warten viele Menschen. Diese Menschenschlange ist 20 m lang. Es werden immer 4 Personen in einen Wagen gesetzt. Wie lange müssen die letzten Personen in der Schlange auf ihre Fahrt warten?

Nr.	Aufgaben, die mit offenen Problemstellungen beginnen (PS)	Schwerpunkt(e) der inhaltlichen Kompetenzen (Leitideen)	Schwerpunkte eingeforderter Kompetenzen
1.	Apfelsinentransporte	L1	• komplexe Sachverhalte, die mehrere Gedankenschritte erfordern – Mengen nach Kriterien ordnen (bündeln) – große Zahlen in Sachzusammenhang bringen – aus Situationen Zahlen und gebündelte Mengen ableiten – eigene Lösungen entwickeln, darstellen und begründen
9.	Es geht um die Wurst	L2–L4	• aus Daten Rechenoperationen ableiten – komplexe Struktur aufschlüsseln – Kostenfaktoren ermitteln und mit der Wirklichkeit abgleichen – Zahlen über Zeitzuordnungen ermitteln und als Rechengröße verwenden – eigene Vorgehensweisen aufzeigen und begründen
17.	Softdrinks und andere Flüssigkeiten	L2–L5	• Erfassen und Gliedern komplexer Sachverhalte – Daten aus Medien entnehmen und verwerten – eigene Lösungen finden und begründen – Lösungswege skizzieren, darstellen und begründen
18.	Stunden auf der Autobahn	L2–L4	• komplexe Sachverhalte, die mehrere Gedankenschritte erfordern – Sachverhalte sachlogisch/zeitlich ordnen – Zahlen aufeinander beziehen – ermittelte Mengen als Rechengröße weiterverwenden – eigene Repräsentanten und Abbildungen nutzen – Lösungen und Vorgehensweisen erläutern und begründen.
20.	Ladungsverluste	L2–L4	• komplexe Sachverhalte, die mehrere Gedankenschritte erfordern – Ordnen eines Sachverhaltes, Erkennen von Handlungsabfolgen – Zerlegung von Mengen nach verschiedenen Kriterien – Entwickeln von Lösungsstrategien – Umgang mit Näherungswerten – sinnvolles Auf- bzw. Abrunden – Lösungswege darstellen und begründen
24.	Menschenkette	L4	• Erfassen und Gliedern komplexer Sachverhalte – Lösungsstrategien entwickeln und anwenden – Vorgehensweisen darstellen und begründen – eigene Lösungen darstellen, begründen und mit anderen abgleichen
27.	Das perfekte Essen	L2	• Invarianz von Mengen – Umrechnungen im Größenbereich Volumen – Repräsentanten und Maßeinheiten aufeinander beziehen – gebräuchliche Gefäße hinsichtlich ihres Inhaltes einschätzen und vergleichen – Lösungen vorstellen und erläutern

G. Christensen/H.-W. König: Kompetenzorientierte Sachaufgaben aus dem Alltag
© Persen Verlag

Nr.	Titel	Stufe	Anforderungen, Schwerpunkte der Kompetenzsetzungen
28.	Fortbewegungen	L2–L4	• komplexe Sachverhalte, die mehrere Gedankenschritte erfordern – Lösungsstrategien entwickeln und anwenden – Vorgehensweisen darstellen und begründen – Skizzen als Lösungshilfen einsetzen – Zahlen aufeinander beziehen und in Rechenoperationen einbinden – eigene Lösungen darstellen, begründen und mit anderen abgleichen
30.	Buskalkulation	L4	• aus Daten einfache Rechenoperationen ableiten – Werte aufeinander beziehen und ermittelte Werte als Rechengrößen verwenden – für eine Kalkulation mit angenommenen (abgerundeten) Zahlen rechnen – Zahlen aufeinander beziehen, auf die Wirklichkeit übertragen und bewerten
31.	Flügelschläge und mehr	L1	• aus Daten einfache Rechenoperationen ableiten – Zahlen aufeinander beziehen, auf die Wirklichkeit übertragen und bewerten – Zahlen sinnvoll abrunden und mit der Wirklichkeit abgleichen – Zahlen aus der Wirklichkeit ableiten und auf vorgegebene Daten übertragen – eigene Vorgehensweisen aufzeigen und begründen
32.	Kaffee-Weltmeister	L5	• Sachverhalte mathematisch nach verschieden Aspekten durchdringen – Daten aus Informationsquellen entnehmen und statistisch verwenden – Zahlen und Größen aufeinander beziehen und sachgerecht anwenden – Mit großen Zahlen operieren, sinnvollen Umgang mit großen Zahlen finden – eigene Lösungen und Vorgehensweisen darstellen, erläutern und begründen
33.	Schneemassen	L2	• komplexe Sachverhalte, die mehrere Gedankenschritte erfordern – Ordnen eines komplexen Sachverhaltes, Erkennen von Handlungsabfolgen – gleichzeitiges Beachten zweier Handlungsstränge – Zahlbeziehungen sachlogisch aus Sachverhalten ableiten und in Rechenoperationen einbinden – Größenbereiche aufeinander beziehen – eigene Lösungen finden, darstellen und begründen
34.	Tropfenweise	L2–L4	• komplexe Sachverhalte, die mehrere Gedankenschritte erfordern – Ordnen eines komplexen Sachverhaltes, Erkennen von Handlungsabfolgen – gleichzeitiges Beachten zweier Handlungsstränge – Zahlbeziehungen sachlogisch aus Sachverhalten ableiten und in Rechenoperationen einbinden – Größenbereiche aufeinander beziehen – eigene Lösungen finden, darstellen und begründen.
36.	Kalorienkontrolle	L4–L5	• komplexe Sachverhalte, die mehrere Gedankenschritte erfordern – längeren Texten die notwendigen Informationen entnehmen – sachlogisches Ordnen eines Sachverhaltes – Erkennen und Strukturieren von Handlungsabfolgen – notwendige Informationen besorgen, Medien nutzen – Zahlverknüpfungen herstellen und mit der Handlungsabfolge verbinden – eigene Lösungen finden, darstellen und begründen

Nr.	Aufgaben, die mit offenen Problemstellungen beginnen (PS)	Schwerpunkt(e) der inhaltlichen Kompetenzen (Leitideen)	Schwerpunkte eingeforderter Kompetenzen
38.	Steckbrief für Kreuzfahrer	L2–L5	• komplexe Sachverhalte, die mehrere Gedankenschritte erfordern – längeren Texten die notwendigen Informationen entnehmen – Aufstellungen und Tabellen Daten entnehmen und mit Aussagen abgleichen – Erkennen und Strukturieren von Handlungsabfolgen – Zahlverknüpfungen herstellen und mit der Handlungsstruktur verbinden – eigene Lösungen finden, darstellen und begründen.
39.	Mäuseplage	L4–L5	• komplexe Sachverhalte, die mehrere Gedankenschritte erfordern – Ordnen eines Sachverhaltes, Erkennen von Handlungsabfolgen – Lösungsstrategien entwickeln – Erläutern, Vergleichen und Bewerten von Tabellen bzw. Skizzen – Vorgehensweisen vergleichen – eigene Lösungen finden und begründen.
42.	Reger Flugverkehr	L5	• Erfassen und Ordnen eines komplexen Sachverhaltes – sachlogische Durchdringung eines Sachverhaltes mit mehreren Handlungsabfolgen – systematische Vorgehensweise zur Klärung eines Ablaufes – Zahlen und Rechenoperationen aus einer Handlungssituation ableiten und begründen – eigene Lösungen entwickeln, darstellen und begründen
45.	Wettlauf der Tiere	L2–L5	• komplexe Sachverhalte, die mehrere Gedankenschritte erfordern – Ordnen eines komplexen Sachverhaltes, Erkennen von Handlungsabfolgen – Vergleichssituationen herstellen und über ein einheitliches Bewertungssystem Vergleiche ziehen – Zahlbeziehungen sachlogisch aus Sachverhalten ableiten und in Rechenoperationen einbinden – eigene Lösungen finden, Vorgehensweisen darstellen und begründen.
46.	Bettenauslastung	L5–L4	• komplexe Sachverhalte ordnen und interpretieren – Statistiken lesen, Informationen entnehmen und miteinander verknüpfen – eigene Überlegungen zu statistischem Zahlenmaterial anstellen, darlegen und begründen – eigene Lösungen finden, darstellen und begründen
47.	Ampelstau	L5–L4	• Erfassen und Gliedern komplexer Sachverhalte – Realsituation zahlenmäßig aufarbeiten – Daten ermitteln und zur Grundlage eigener Berechnungen machen – eigene Lösungen darstellen und begründen

49.	Zu viel Strom im Rathaus	L5–L4	• komplexe Sachverhalte, die mehrere Gedankenschritte erfordern – längeren, informellen Texten (Zeitung) die notwendigen Informationen entnehmen – sachlogisches Ordnen eines Sachverhaltes – Erkennen und Strukturieren eines Sachverhaltes – notwendige Informationen besorgen, Medien nutzen – Zahlverknüpfungen herstellen und mit der Struktur des Sachverhaltes verbinden – eigene Lösungen finden, darstellen und begründen
50.	Bessere Stadt-Bedingungen	L5–L4	• offene Aufgabe: individuelle Lösungen – Medien (Repräsentanten, Abbildungen, Zeichnungen) erklären und nutzen – Lösungsschritte planen und absprechen – Vorgehensweisen darstellen und begründen – Vorgehensweisen vergleichen, bewerten und über Vorteile und Nachteile argumentieren
51.	Bevölkerung auf dem Kopf	L5–L4	• komplexe Sachverhalte ordnen und interpretieren – Statistiken lesen, Informationen entnehmen und miteinander verknüpfen – eigene Überlegungen zu statistischem Zahlenmaterial anstellen, darlegen und begründen – eigene Lösungen finden, darstellen und begründen

Nr.	Eingekleidete Aufgaben – Sachrechenaufgaben	Schwerpunkte der inhaltlichen Kompetenzen (L)	Schwerpunkte eingeforderter Kompetenzen
2.	Reise-Schnäppchen	L5	• Sachverhalte ordnen und interpretieren – Daten lesen, Informationen entnehmen und miteinander verknüpfen – eigene Überlegungen zu Zahlenmaterial anstellen, darlegen und begründen – Daten für eigene Erkenntnisse nutzen
3.	Müllberge	L5–L2	• Sachverhalte ordnen und interpretieren – Statistiken lesen, Informationen entnehmen und miteinander verknüpfen – eigene Überlegungen zu statistischem Zahlenmaterial anstellen, darlegen und begründen – statistische Daten für eigene Erkenntnisse nutzen
4.	Lauftalente	L2	• Erfassen und Ordnen eines komplexen Sachverhaltes – sachlogische Durchdringung eines Sachverhaltes mit mehreren Handlungsabfolgen – systematische Vorgehensweise zur Klärung eines Ablaufes – Zahlen und Rechenoperationen aus einer Handlungssituation ableiten und begründen – eigene Lösungen entwickeln, darstellen und begründen
5.	Kanu-Regatta	L5–L4	• Erfassen und Gliedern komplexer Sachverhalte – Medien (Tabellen, Grafiken, Abbildungen, Zeichnungen) erklären und nutzen – Informationen aus Tabellen interpretieren – Informationen aus Zahlenangaben vorstellen, erklären und begründen – eigene Lösungen finden und begründen
6.	Kontobewegungen	L5–L1	• Eingekleidete Aufgaben: authentische Situationen mathematisch bearbeiten – Zahlen ordnen und über Rechenoperationen miteinander verbinden – Strukturieren von Abläufen – aus Auflistungen Informationen entnehmen und auf die Realität übertragen
7.	Was darf ein Ranzen wiegen?	L2–L1	• Offene Aufgabe: Erfassen und Gliedern komplexer Sachverhalte – Medien (Tabellen, Grafiken, Abbildungen, Zeichnungen) erklären und nutzen – Informationen aus Grafiken interpretieren und Rechenoperationen ableiten – Zahlen und Werte aufeinander beziehen und auf neue Situationen übertragen – Informationen aus Zahlenangaben vorstellen, erklären und begründen
8.	Seltsamer Durchschnitt	L4	• Verstehen und Bearbeiten von Vergleichssituationen – Aussagen Rechenoperationen zuordnen – Durchschnittswerte ermitteln, mit Näherungszahlen umgehen – Werte aufeinander beziehen und ermittelte Werte als Rechengrößen verwenden – den Durchschnittsbegriff erfahren und mit eigenen Worten formulieren
10.	Inhaltsangaben	L2–L4	• Verstehen und Bearbeiten von Vergleichssituationen – Vergleichswerte im Größenbereich Volumen – Repräsentanten und Maßzahlen aufeinander beziehen – Zahlen und Angaben interpretieren – Invarianz von Volumen

G. Christensen/H.-W. König: Kompetenzorientierte Sachaufgaben aus dem Alltag
© Persen Verlag

Nr.	Thema	Kompetenz	Schwerpunkte
11.	Alles um die Schokolade	L2–L1	• Erfassen und Gliedern komplexer Sachverhalte – eine Handlungskette gedanklich verfolgen – Darstellungsformen und Medien nutzen – Sachverhalte aufeinander beziehen – Lösungswege planen und systematisch verfolgen – Lösungsstrategien erkennen und bekannte und ermittelte Daten und Zahlen nutzen
12.	Pizzeria	L5	• Sachrechenaufgaben: komplexe Sachverhalte, die mehrere Gedankenschritte erfordern – Sachverhalte sachlogisch/zeitlich ordnen – Daten aus Informationsquellen entnehmen und als Rechengröße weiterverwenden – Zahlen aufeinander beziehen – Lösungen und Vorgehensweisen darstellen, erläutern und begründen
13.	Fahrradferien	L3–L5	• einfache Sachverhalte mathematisch durchdringen – aus Sachverhalten Daten ablesen und tabellarisch auflisten – Daten aus Informationsquellen entnehmen und statistisch verwenden – Zahlen und Größen aufeinander beziehen und sachgerecht anwenden – eigene Lösungen und Vorgehensweisen darstellen, erläutern und begründen
14.	Niederschläge	L5–L2	• Offene Aufgabe: Erfassen und Gliedern komplexer Sachverhalte – Medien (Tabellen, Grafiken, Abbildungen, Zeichnungen) erklären und nutzen – Informationen aus Grafiken interpretieren – Zahlen und Werte aufeinander beziehen und auf neue Situationen übertragen – Informationen aus Zahlenangaben vorstellen, erklären und begründen
15.	Benzinpreise	L5–L4	• komplexe Sachverhalte, die mehrere Gedankenschritte erfordern – längeren Texten, Tabellen die notwendigen Informationen entnehmen – sachlogisches Ordnen eines Sachverhaltes – Erkennen und Strukturieren von Handlungsabfolgen – Lösungsstrategien entwickeln, Medien (Skizzen) einsetzen und nutzen – Rechenoperationen mit der Sachstruktur verbinden, Zahlen sinnvoll abrunden – eigene Lösungen finden, darstellen und begründen
16.	Wir fahren Autobahn	L2–L4	• aus Daten einfache Rechenoperationen ableiten – Werte aufeinander beziehen und ermittelte Werte als Rechengrößen verwenden – Zahlen aufeinander beziehen, auf die Wirklichkeit übertragen und bewerten – Zahlen sinnvoll abrunden und mit der Wirklichkeit vergleichen – eigene Vorgehensweisen aufzeigen und begründen
19.	Fußballfieber	L5–L4	• Erfassen und Gliedern komplexer Sachverhalte – Medien (Tabellen, Grafiken, Abbildungen, Zeichnungen) erklären und nutzen – Umgang mit großen Zahlen – Informationen aus Grafiken interpretieren – Informationen aus Zahlenangaben vorstellen, erklären und begründen

Nr.	Eingekleidete Aufgaben – Sachrechenaufgaben	Schwerpunkte der inhaltlichen Kompetenzen (L)	Schwerpunkte eingeforderter Kompetenzen
21.	Besucherandrang	L4–L1	• Sachverhalte zeitlich strukturieren – zeitliches Ordnen von z.T. parallel laufenden Handlungssträngen – aus Handlungsabläufen Rechenoperationen ableiten (eine Situation als Zahlenverknüpfung darstellen) – Interpretation von Rechenaufgaben (Zahlen und ihre Verknüpfungen in der Realität wiedererkennen) – eigene Lösungen finden, darstellen und begründen
22.	RadioPOP	L5	• Erfassen und Gliedern komplexer Sachverhalte – Medien (Tabellen, Grafiken, Abbildungen, Zeichnungen) erklären und nutzen – Informationen aus Grafiken interpretieren – Zahlen und Werte aufeinander beziehen und auf neue Situationen übertragen – eigene Grafik erstellen, erklären und begründen
23.	Andere Länder – andere Werte	L4	• Größen aufeinander beziehen – Entwickeln von Lösungsstrategien – Umgang mit Näherungswerten – Darstellen und Begründen von Lösungswegen
25.	Sonderangebote – wirklich super?	L4	• Erfassen komplexer Sachverhalte – Texten Informationen entnehmen und diese mathematisch durchdringen – Unterschiede herausarbeiten und diese mit Zahlen belegen – eigene Lösungen darstellen und begründen
26.	Schulwege	L3–L5	• Verstehen und Bearbeiten von Vergleichssituationen – Werte aufeinander beziehen und ermittelte Werte als Rechengrößen verwenden – aus einer Situation Rechenoperation ableiten – Größenbereiche 'Längen' und 'Zeit' aufeinander beziehen
29.	Gallonen, Pounds und andere Werte	L2–L4	• Erfassen komplexer Sachverhalte – Daten bzw. Angaben Informationen entnehmen, diese aufeinander beziehen und miteinander abgleichen – Größen/Werte/Zahlen abrunden – eigene Lösungen darstellen und begründen
35.	Kalorien müssen sein	L5– L4	• komplexe Sachverhalte, die mehrere Gedankenschritte erfordern – Ordnen eines komplexen Sachverhaltes, Erkennen von Handlungsabfolgen – Erkennen und Befolgen einer mathematischen Formel – persönliche Daten über eine Formel ermitteln und mit der Wirklichkeit abgleichen – eigene Lösungen finden, darstellen und begründen

G. Christensen/H.-W. König: Kompetenzorientierte Sachaufgaben aus dem Alltag
© Persen Verlag

Nr.	Titel	Niveau	Kompetenzen
37.	Fahrenheit und andere Werte	L4	• Größen aufeinander beziehen – Entwickeln von Lösungsstrategien – Umgang mit Näherungswerten – Darstellen und Begründen von Lösungswegen
40.	Freizeitpark	L5–L1	• komplexe Sachverhalte, die mehrere Gedankenschritte erfordern – Ordnen eines Sachverhaltes, Erkennen von Handlungsabfolgen – zeitliche Strukturierung von parallelen Abläufen – Ableiten von Rechenoperationen aus Abläufen – Rechenoperationen mit der Wirklichkeit abgleichen – eigene Lösungen finden, darstellen und begründen
41.	Ameisenwelten	L2	• aus Daten einfache Rechenoperationen ableiten – Werte aufeinander beziehen und ermittelte Werte als Rechengrößen verwenden – aus einer Situation Rechenoperationen ableiten – Messeinheiten von Größen aufeinander beziehen
43.	Rekordläufe	L4	• Umrechnungen im Größenbereich Zeit – Zeitunterschiede ermitteln – Zeiteinheiten aufeinander beziehen – Strategien zum Umrechnen von Zeiteinheiten entwickeln und beschreiben
44.	So ein Kohl!	L3–L4	• komplexe Sachverhalte, die mehrere Gedankenschritte erfordern – längeren Texten die notwendigen Informationen entnehmen – sachlogisches Ordnen eines Sachverhaltes – Erkennen und Strukturieren von Handlungsabfolgen – Lösungsstrategien entwickeln – Rechenoperationen mit der Handlungsstruktur verbinden – eigene Lösungen finden, darstellen und begründen
48.	Teure Energie	L4–L5	• komplexe Sachverhalte, die mehrere Gedankenschritte erfordern – längeren Texten die notwendigen Informationen entnehmen, notwendige Informationen besorgen, Medien nutzen – sachlogisches Ordnen eines Sachverhaltes – Erkennen und Strukturieren von Handlungsabfolgen – Zahlverknüpfungen herstellen und mit der Handlungsstruktur verbinden – eigene Lösungen finden, darstellen und begründen
52.	Familien im Wandel	L5–L4	• komplexe Sachverhalte, die mehrere Gedankenschritte erfordern – Informationen aus Statistiken entnehmen und als Grundlage weiterer Berechnungen nehmen – Rückschlüsse ziehen auf gesellschaftliche Entwicklungen und diese mit Zahlen belegen – eigene Lösungen finden, darstellen und begründen

Mögliche Bearbeitungsschritte beim Lösen von Sachaufgaben

1. Ich untersuche die Aufgabe

a) Ich lese den Text genau und schaue mir das Bild/die Grafik genau an. Ich lasse mir Zeit.

b) Ich versuche, das Problem und die Rechenschritte herauszufinden.

2. Ich mache mir ein Bild von der Situation

a) Ich stelle mir die Situation vor, erzähle sie meinen Lernpartnern und bespreche sie mit ihnen.

b) Ich versuche, die Situation nachzuspielen oder zeichne mir eine Skizze.

c) Welche Wörter kenne ich nicht. Welche Informationen fehlen mir?

d) Ich frage meine Lernpartner, Freunde, Eltern, Lehrer, Lexikon, PC usw.

3. Ich mache mich an die Lösung der Aufgaben

a) Welche Zahlen brauche ich?

b) Ich überlege und suche die richtigen Rechenzeichen.

c) Ich schreibe die Rechenaufgabe auf.

d) Ich rechne die Aufgabe aus.

e) Ich schreibe den Antwortsatz auf.

4. Ich prüfe den Rechenweg und die Lösung

a) Ich kann den Rechenweg beschreiben und kenne die Lösung.

b) Ich überprüfe meine Lösung.
Kann es das Ergebnis in der Wirklichkeit auch geben?

G. Christensen/H.-W. König: Kompetenzorientierte Sachaufgaben aus dem Alltag
© Persen Verlag

1 Apfelsinentransporte

PS 1. Bei einem großen Sportereignis wie den Olympischen Spielen treffen sich rund 10000 Sportler. Diese Wettkämpfe dauern 2 Wochen an. Um gute Leistungen zu bringen, müssen diese Sportler reichlich mit Vitamin C versorgt werden. Dafür werden Apfelsinen geliefert.

    a) Was glaubst du? Wie viele Apfelsinen sollten pro Tag für jeden Sportler eingeplant werden?

    b) Wie viele Apfelsinen werden benötigt?

    c) Welche Transportmittel werden gebraucht, um diese Mengen anzuliefern. Stellt eure Vorschläge vor und begründet sie.

EA 2. Eine große Apfelsinenplantage in Spanien soll die Sportler der Olympischen Spiele mit Vitamin C versorgen.

In der Plantage wird eifrig gepackt:

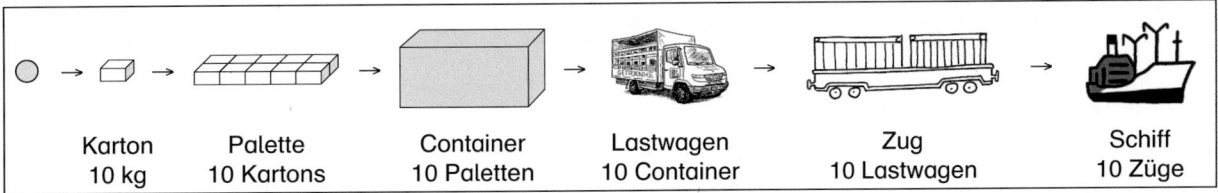

Karton	Palette	Container	Lastwagen	Zug	Schiff
10 kg	10 Kartons	10 Paletten	10 Container	10 Lastwagen	10 Züge

Was bedeutet diese Abfolge? Erkläre sie.

    a) Wie viele Kilogramm Apfelsinen sind jeweils im Karton, auf einer Palette, in einem Container, auf einem Lastwagen, auf einem Zug und im Schiff. Trage die Zahlen in eine Tabelle ein.

    b) Wie viele Kilogramm Apfelsinen sind in 5 Containern und in 4 Lastwagen?

    c) In einem Container sind die Apfelsinen von 2½ · Paletten beschädigt. Wie viel Kilogramm Apfelsinen können noch verwendet werden?

Erkläre deine Berechnungen.

SAR 3. Sie wiegen 10 einzelne Apfelsinen aus und berechnen dann das Durchschnittsgewicht einer Apfelsine.

Hier sind die Gewichtsangaben der 10 Apfelsinen:

276 g	222 g	251 g	253 g	245 g	255 g	240 g	259 g	235 g	264 g

    a) Wie ist das Durchschnittsgewicht einer Apfelsine?

    b) Wie viele Apfelsinen sind in einem Karton, auf einer Palette, in einem Container und auf einem Schiff?

Karton	Palette	Container	Lastwagen	Zug	Schiff

2 Reise-Schnäppchen

Immer wieder gibt es verlockende Reiseangebote – Luxus zum Minipreis. So wieder einmal in einer Tageszeitung in München und das gleiche Angebot in einer Zeitung in Hamburg.

1 Woche
Türkei
zum sagenhaften Preis

ab 298,00 €

Anzeige in München

Abflug München
Flughafenzuschlag   59,00 €

Abflug Hamburg
Flughafenzuschlag   0,00 €

Unsere Leistungen
- Hin- und Rückflug vom gebuchten Flughafen
- Transfer zum Hotel
- Unterbringung im DZ (Landseite)
- Reiches Frühstücksbüfett
- Willkommensgetränk
- Reiseleitung vor Ort
- 20 kg Freigepäck/Person

Anzeige in Hamburg

Abflug Hamburg
Flughafenzuschlag   59,00 €

Abflug München
Flughafenzuschlag   0,00 €

Nicht im Preis inbegriffen
- Luftverkehrssteuer (8,00 €/Person)
- Flughafensteuer Türkei 15,00 €/Person
- Kerosinzuschlag 39,00 €/Person
- Für das Einchecken verlangt die Fluggesellschaft 5,00 €/Koffer
- „Alles inklusive" kann vor Ort für nur 129,00 €/Person hinzugebucht werden

EA   1. Nimm Stellung zu diesen Angeboten.
       Vergleiche dazu das Angebot von München mit dem Hamburger Angebot.
       a) Wie hoch ist der tatsächliche Endpreis für eine Reisegruppe von 4 Personen?
       b) Die Reisegesellschaft könnte 68 Reisen in die Türkei verkaufen. Welche Summe kann sie einnehmen, wenn alle diese Plätze verkauft werden?

     2. Die Familie Neuer möchte 3 Wochen Urlaub in einem Sommerhaus an der Nordsee verbringen. Sie findet ein attraktives Angebot in einer Anzeige.

       Als Frau Neuer sich das Angebot genauer ansieht, stellt sie fest, dass die tatsächliche Miete um 169,00 € höher liegt. Der Vermieter lässt sich fünf Leistungen noch extra bezahlen.

       Welche könnten das sein? – Mache Vorschläge, wie es zu dieser höheren Summe kommen kann. Stelle deine Überlegungen vor und begründe sie.

Ferienhaus
Nordsee
Wochenpreis nur
350,00 €
Vermietung direkt vom Eigentümer

G. Christensen/H.-W. König: Kompetenzorientierte Sachaufgaben aus dem Alltag
© Persen Verlag

3 Müllberge

SAR Täglich werden in den Haushalten große Mengen an Abfall entsorgt. Dabei sind die Deutschen besonders eifrig bei der Trennung verschiedener Materialien.
Eine Grafik zeigt, wie viel Müll aus den Haushalten in Deutschland jährlich in den Mülltonnen landen.

1. Welche Werte zeigt die Grafik für die einzelnen Mengen des Hausmülls?
   Trage diese Mengen in die Tabelle ein.

a)

Restmüll	Papier	Kunststoffe	Biotonne	Glas	Anderes

b) Wie hoch ist die Gesamtmenge des Hausmülls in Deutschland?

c) Deutschland hat etwas über 80 Millionen Einwohner. Für wie viel Kilogramm Müll ist im Durchschnitt jeder Bundesbürger verantwortlich?

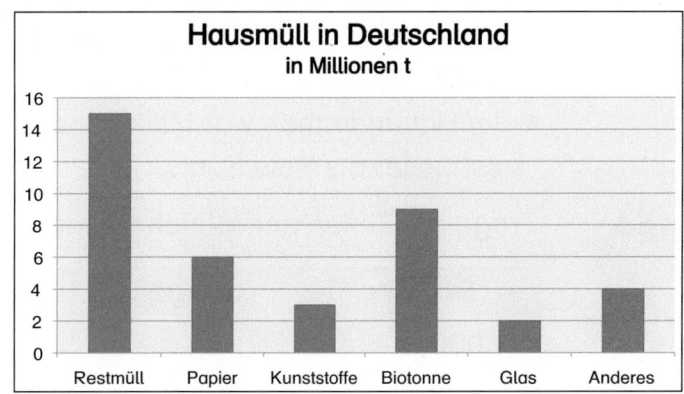

Hausmüll in Deutschland
in Millionen t

2. Es gibt auch Statistiken von anderen Ländern. Sie zeigen, wie viel Kilogramm Müll im Durchschnitt jeder Bürger in einem Jahr in die Mülltonnen wirft.

Dänemark	England	Irland	Niederlande	Österreich	Spanien	USA

- Die Niederlande liegen mit 630 kg/Person im Mittelfeld.
- Jeder Spanier wirft 42 kg weniger weg als ein Niederländer.
- Iren werfen 3 kg weniger weg als die Dänen, die 171 kg mehr entsorgen als die Niederländer.
- Jeder Österreicher entsorgt durchschnittlich 9 kg mehr als ein Spanier.
- Amerikaner werfen 86 kg weniger weg als Dänen, aber 143 kg mehr als jeder Engländer.

a) Wie viele Kilogramm Müll entsorgt jede Person in den einzelnen Ländern?
   Fülle die Tabelle aus.

b) Wie steht Deutschland im Vergleich zu den anderen Staaten mit seinen Müllbergen da? Erstelle eine Rangfolge und stelle diese grafisch dar.

4 Lauftalente

Der Leichtathletik-Sportverein von der LG Burghausen hat viele gute und hoffnungsvolle Langstreckenläufer. Dabei gibt es natürlich Spezialisten für besondere Strecken.

1. Wer läuft welche Strecke?
   - Katrin Reinhardt lief die 5000 m in 21:03 Minuten. Damit war sie 5 Minuten und 2 Sekunden langsamer als ihr männlicher Sportsfreund. Über die 10000 m blieb sie mit 4 Sekunden knapp unter der 40-Minuten-Marke.
   - Marvin Mueller lief über seine Lieblingsstrecke genau 9 Minuten. Für die 7000 m längere Strecke brauchte er 25:20 Minuten mehr, damit war er 2:09 Minuten schneller als seine Vereinskameradin.
   - Leon Sauber hält den Vereinsrekord über seine Strecke mit 2:36 Minuten. Über diese Distanz gibt es kein Rekordergebnis für ein Mädchen.
   - Über die 1500-m-Strecke liegen die Leistungen von Mädchen und Jungen 1 Minute und 35 Sekunden auseinander. Eine Person lief diese Strecke in 3:50 Minuten.
   - Im Halbmarathon war Maik Lange (1:20:34 Std.) um 14 Minuten und 11 Sekunden schneller als Nele König.

EA Trage die Zeiten der Mädchen und der Jungen in die Tabelle ein.

Strecke	Jungen	Mädchen
1 000 m		
1 500 m		
3 000 m		
5 000 m		
10 000 m		
Halbmarathon 21 100 m		

SAR 2. Ohne Fleiß kein Preis. Die Sportlerinnen und Sportler trainieren eifrig. Schließlich wollen sie in der Zukunft noch viel erreichen. Wer läuft wie viele Kilometer in der Woche?
   a) Maik Lange bewältigt die Halbmarathonstrecke zwei Mal in der Woche. An den anderen Tagen trainiert er abwechselnd die 5000 m und die 10000 m. Sonntags gönnt er sich eine Ruhepause.
   b) Katrin trainiert fünf Mal in der Woche. Sie läuft dabei immer drei Mal die 400-m-Strecke. Dienstags und Donnerstags zusätzlich einmal die 3000 m, am Montag und am Freitag zusätzlich einmal die 5000-m-Strecke.
   c) Marvin stellt sich jede Woche ein Trainingsprogramm zusammen. Er hat sich vorgenommen, vier Tage zu trainieren und dabei mindestens 25 km zurückzulegen. Zu seinem Trainingsplan gehört es, an diesen Tagen jedes Mal mehrfach die 400-m-Strecke zu laufen.
   Wie könnte sein Trainingsplan aussehen? Stelle einen Plan zusammen und erkläre ihn.

G. Christensen/H.-W. König: Kompetenzorientierte Sachaufgaben aus dem Alltag
© Persen Verlag

5 Kanu-Regatta

Simon, Felix, Demir und Malik sind begeisterte Kanufahrer. Sie sind Mitglieder eines Clubs.

EA 1. Sie bilden eine Mannschaft (A). Am Sonntag tragen sie gegen zwei andere Mannschaften (B und C) ein kleines Staffel-Wettrennen aus. Jeder fährt die Strecke einmal. Hier sind die Zeiten, die jeder Junge gefahren ist.

Mannschaft A: Felix (2:56 Min.) – Demir (3:15 Min.) –
Simon (3:04 Min.) – Malik (2:54 Min.)
Mannschaft B: 3:24 Min. – 3:00 Min. – 2:48 Min. – 2:59 Min.
Mannschaft C: 2:52 Min. – 3:17 Min. – 3:10 Min. – 3:01 Min.
Welche Mannschaft hat das Rennen gewonnen?

SAR 2. Am nächsten Sonntag gibt es eine Wiederholung dieses Wettkampfes mit den gleichen Mannschaften. Das Ergebnis an diesem Tag:

Mannschaft A: Felix (2:52 Min.) – Demir (18 Sekunden langsamer als Felix) –
Simon (1 Sekunde schneller als Demir) – Malik (11 Sekunden
schneller als Demir)
Mannschaft B: Der Starter war mit 3:20 Min. der langsamste – der letzte Fahrer war
um 5 Sekunden schneller – der dritte Fahrer blieb 10 Sekunden unter der 3-Minuten-Marke und war damit 11 Sekunden schneller als
der zweite Fahrer.
Mannschaft C: Die vier Fahrer fuhren nacheinander diese Zeiten: 3:02 – 3:10 –
2:59 – 3:02

PS 3. Das dritte Rennen schließlich brachte den Mannschaften diese Ergebnisse:

A	2:55	3:12	3:09	3:08	12:24
B	3:05	3:12	2:49	3:13	12:19
C	3:05	3:20	2:52	3:01	12:18

Man ist sich nicht einig, welche der drei Jugendmannschaften nun die beste ist. Verschiedene Meinungen werden geäußert:

Mannschaft A: „Die beste Mannschaft wird gesucht. Also muss es die Gruppe sein,
die die meisten schnellen Kanufahrer hat."
Mannschaft B: „Natürlich ist die Mannschaft die beste, die den schnellsten Kanufahrer hat."
Mannschaft C: „Die Mannschaft ist die beste, in der die Leistungen in etwa gleich
gut sind."

a) Welche Mannschaft ist deiner Meinung nach die beste? Begründe deine Meinung.
b) Der Verein will aus den drei Gruppen eine Mannschaft bilden, die zu den Meisterschaften fahren soll. Wie würde deine Mannschaft aussehen. Bedenke, dass zwei Ersatzleute gestellt werden müssen. Begründe deine Meinung.

6 Kontobewegungen

EA *So sieht der Kontoauszug aus, den Frau Weber gerade ausgedruckt hat:*

Kontonummer 12345678	Neustädter Sparkasse	Bankleitzahl 87654321
Datum	Verwendung	Alter Kontostand EUR 1997,97
1506	Rundfunkanstalten GEZ	51,09 –
1506	Abschlag: Strom, Wasser	120,00 –
2006	Barauszahlung	200,00 –
2206	Gutschrift	19,95 +
2306	Bankomat	250,00 –
	Abbuchung Kaufhalle	171,34 –
24.06.		Neuer Kontostand

1. Wie ist der aktuelle Kontostand von Frau Weber?

SAR 2. Sarah Sauermann bezahlt fast immer mit ihrer EC-Karte und manchmal auch mit der Kreditkarte. Sie geht gern einkaufen und verliert dabei manchmal den Überblick, ob sie sich ihre Einkäufe überhaupt noch leisten kann. Sie findet am Sonntag diese Rechnungen in ihrer Jackentasche:

> Mittwoch: Jacke 59,95 € (EC-Karte) und T-Shirt 19,95 (EC-Karte)
> Montag: Einkauf im Supermarkt 54,37 € (EC-Karte)
> Freitag: Baumarkt 177,05 € (Kreditkarte) – Schuhe 49,99 € (EC-Karte)
> Dienstag: Tanken: 48,49 € (Kreditkarte)
> und noch eine Rechnung vom Lebensmittelmarkt, bei dem sie am Samstag 27,51 € mit der EC-Karte bezahlt hat.

Für jede Rechnung mit der Kreditkarte berechnet ihr die Bank 1/100 des Betrages als Gebühr, mindestens aber 1,00 €.

Wie sieht nach diesen Einkäufen der Kontoauszug von Sarah aus? Beachte dabei das Datum bzw. den Wochentag.

Kontonummer 876543	Altendorfer Sparkasse	Bankleitzahl 20030050
Datum	Verwendung	Alter Kontostand EUR 457,43
		Neuer Kontostand

G. Christensen/H.-W. König: Kompetenzorientierte Sachaufgaben aus dem Alltag
© Persen Verlag

7 Was darf ein Ranzen wiegen?

SAR Aufmerksam liest Familie Weier diese Meldung in der Zeitung.
Dort steht:

Neustädter Nachrichten

Macht doch die armen Kinder nicht zu Packeseln, heißt es stets zu Schuljahresbeginn. „Höchstens der zehnte Teil des Körpergewichts", so lautet die Faustregel für das Gewicht eines Schulranzens. Manche Wissenschaftler halten das für Mumpitz. Die Gelehrten streiten sich, ob ein schwerer Ranzen den Rücken eines Kindes wirklich verbiegt – oder sogar trainiert.

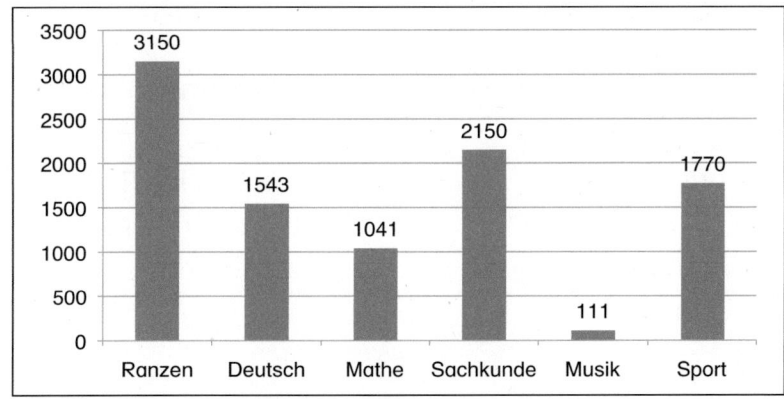

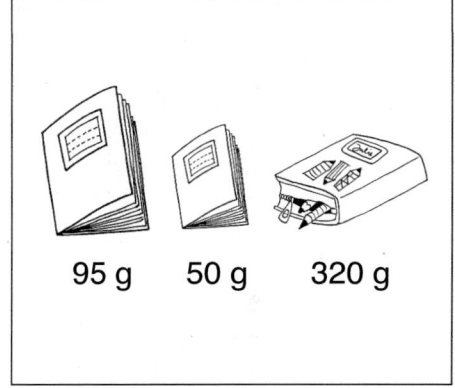

95 g   50 g   320 g

Diese Grundausstattung müssen die Schülerinnen und Schüler einer 5. oder 6. Klassen für den Unterricht mitnehmen. Hinzu kommen: Hefte, Federtasche mit Stiften, Wasserflasche, Pausenbrot usw.

1. Wie schwer ist diese Grundausstattung eines Schulranzens?

2. Samantha hat neben der Federtasche noch 5 große und 4 kleine Hefte im Ranzen.
   Außerdem eine Trinkflasche mit einem halben Liter und drei Äpfel.
   a) Wie schwer ist ihr Ranzen jetzt? Überlege, wie du die fehlenden Zahlen bekommen kannst.
   b) Samantha selbst wiegt gerade einmal knapp 30 kg. Vergleiche ihr Gewicht mit der Faustregel. Nimm Stellung dazu. Was sollte oder was könnte Samantha tun? Erkläre und begründe.

3. Nils selbst ist 34 kg schwer. Er stellt seinen Ranzen auf die Waage und liest ein Gesamtgewicht von 13 kg ab. Er hat neben der Grundausstattung noch so manche andere Dinge in seinem Ranzen. Was könnte das sein? Stelle deinen Vorschlag vor.

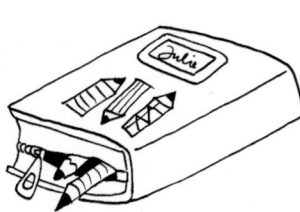

7 Was darf ein Ranzen wiegen?

4. Eine Ranzen-Abstimmung von 1500 Eltern hat folgendes ergeben:

Antworten	Anteil der befragten Personen	Anzahl
Ich bin grundsätzlich gegen Schulranzen. Die Bücher und Hefte sollten die Schüler in der Schule lassen.	etwa jeder dritte Teilnehmer	
So wie die Faustregel ist: höchstens zehn Prozent des Körpergewichts.	etwa jeder fünfte Teilnehmer	
Höchstens die Hälfte ihres Körpergewichts.	191 Teilnehmer	
Dafür sollte es keine Vorschrift geben.	etwa jeder dritte Teilnehmer, aber weniger als bei Frage 1	
Gesamtbeteiligung		

Berechne die Anzahlen zu den verschiedenen Meinungen.
Wie stehst du zu diesem Problem. Stelle deine Meinung vor, und begründe sie.

G. Christensen/H.-W. König: Kompetenzorientierte Sachaufgaben aus dem Alltag
© Persen Verlag

8 Seltsamer Durchschnitt

SAR Die Schülerinnen und Schüler der Klasse suchen Beispiele für Aufgaben, in denen der Durchschnitt ermittelt werden soll. Dabei kommen sie auf eigenartige Ideen:

(1)

Ich schlafe auch nur den halben Tag

Ich brauche viel Zeit zum Fressen. Daher komme ich mit 4 Stunden aus!

Ich brauche meinen Schlaf von 17 Stunden.

Durchschnitt

(2)

Ich wiege 4 kg!

... und ich sieben Mal so viel!

Mein Gewicht ist genau der Durch-schnitt von den beiden.

Durchschnitt

(3)

Ich kann 49 Sprünge in der Minute machen.

... ich 22 in 30 Sekunden ...

... und ich 17, das aber in 20 Sek.

Durchschnitt

(4)

Ich schaffe 585 Blüten am Tag.

Wenn ich noch 30 mehr schaffe, dann habe ich genauso viele.

Ich bin das faulste Bienchen mit 75 weniger als unsere Spitzenkraft.

Durchschnitt

(5)

Ich brauche täglich 27 Körner Roggen, sonntags 4 mehr.

Ich möchte 14 Körner Weizen und 16 Körner Roggen. Einmal die Woche esse ich nur die Hälfte.

8 Körner Gerste und 9 Körner Roggen. Am Montag und am Mittwoch 3 Körner weniger.

Durchschnitt der Körner pro Woche für die Mäuse?

9 Es geht um die Wurst

Gegessen wird immer. Daher sind die Verkaufsstände bei öffentlichen Veranstaltungen immer sehr umlagert. Das gilt besonders für Stände, bei denen Rostbratwürste gegrillt werden.

PS 1. Eine Rostbratwurst kostet in der Herstellung 35 Cent, verkauft wird sie am Bratwurststand für 2,10 € pro Stück. Im Geschäft bietet das Unternehmen die Bratwurst für den Preis von 79 Cent/Stück oder im 6er-Paket für 4,50 € an. Stelle eine Liste zusammen, welche Zusatzkosten beachtet werden müssen, wenn die Rostbratwurst auf der Straße angeboten wird. Die Stadt z. B. verlangt für den Standplatz allein täglich 150,00 €.
Stellt eure Liste vor und belegt die aufgeführten Mehrkosten mit Zahlen.

SAR 2. Das Geschäft eröffnet einen Stand in der Fußgängerzone. Der Verkaufsbeginn ist um 10:00 Uhr. Der Verkauf endet erst wieder um 21:00 Uhr. 500 Bratwürste hat der Stand als Vorrat mitgenommen. In dieser Zeit wurden unermüdlich Rostbratwürste gegrillt und verkauft:

- In den ersten 1 ½ Stunden insgesamt 62 Stück,
- in der folgenden Zeit bis 15:00 Uhr im Schnitt alle 3 Minuten 2 Stück,
- bis 17:30 Uhr weitere 79 Bratwürste,
- bis 19:30 Uhr im Durchschnitt 4 Stück in 5 Minuten,
- während der restlichen Verkaufszeit durchschnittlich nur noch jede Viertelstunde drei Würste – zum Schluss blieben 9 gegrillte Würste unverkauft.

a) Wie viele Bratwürste wurden an diesem Tag verkauft?
b) Wie viele Bratwürste blieben für den Verkauf am nächsten Tag übrig?
c) Wie hoch waren die Einnahmen? Wie hoch war der Gewinn an diesem Tag?

PS 3. Wie ist der tatsächliche Gewinn, wenn ihr eure oben aufgeführten Zusatzkosten berücksichtigt? Welche Einnahmen würde das Geschäft erzielen, wenn es diese Bratwürste im Laden verkauft hätte?
Welche Schlussfolgerungen zieht ihr daraus? Stellt eure Überlegungen vor und begründet sie.

G. Christensen/H.-W. König: Kompetenzorientierte Sachaufgaben aus dem Alltag
© Persen Verlag

10 Inhaltsangaben

EA Verwirrungen im Supermarkt. Die Angaben auf den Flaschen und Verpackungen sind nicht einheitlich, und so kommt es immer wieder zu unterschiedlichen Meinungen.
Jeder glaubt, Recht zu haben.
Wie sieht es aus? Sind die Aussagen richtig oder falsch? Kreuze an.
Falls nötig, schreibe das richtige Ergebnis hin.

2 Milchtüten sind 1000 ml.

ja	nein

①

Auf der Weinflasche könnte statt 750 ml auch ¾ Liter stehen.

②

In 6 Flaschen Cola ist der gleiche Inhalt wie in der Tüte mit Orangensaft.

ja	nein

④

In den Eimer passen genau 5 Becher Schlagsahne.

ja	nein

③

Unser Gartenpool fasst 6 Kubikmeter Wasser. Um ihn zu füllen, müssen wir 600 Eimer Wasser schleppen.

ja	nein

⑤

⑥ In beiden Packungen ist die gleiche Menge.

ja	nein

200 ml   0,2 l

In die Cola-Flasche passen 33 Flaschen mit Hustensaft.

ja	nein

0,33 l   0,01 l

⑦

⑧ Das ist genau ein halber Liter.

ja	nein

250 cm³

Da ist gleich viel drin!

1000 ml   750 cm³

⑨

G. Christensen/H.-W. König: Kompetenzorientierte Sachaufgaben aus dem Alltag
© Persen Verlag

11 Alles um die Schokolade

Emma könnte täglich Schokolade essen, doch sie weiß, dass Schokolade eine richtige „Kalorien-Bombe" ist. Eine 100-g-Tafel hat schließlich ungefähr 550 Kalorien. Nun liest sie in der Zeitung, dass „der Durchschnittsbürger jährlich 8,5 Kilogramm Schokolade isst."

EA 1. Sie überlegt, was das bedeutet.
   a) Wie viele Kilogramm werden für die rund 80 Millionen deutschen Bürger hergestellt?
   b) Wie viele Tafeln zu jeweils 100 g sind es?
   c) Wie viele Lastwagen, die 40 Tonnen Ladung aufnehmen können, werden gebraucht, um diese Mengen zu transportieren?
   d) Wie lang wäre die Kette, wenn man diese Anzahl von Lastwagen (18,00 m Länge) aneinanderreihen würde?

SAR 2. Emma, Niklas, Samantha und Julius überlegen auch, ob sie zu diesen Durchschnittsbürgern gehören. Wer von ihnen gehört dazu?
   a) Emma vernascht in der Woche ca. 200 g Schokolade, meist in der Form von Pralinen. Im Dezember verzehrt sie wöchentlich mindestens 500 g.
   b) Niklas isst wöchentlich von der dunklen Schokolade etwa 1 ½ Tafeln. In der Osterwoche und im Dezember schafft er täglich 100 g.
   c) Samantha isst Schokolade sehr unregelmäßig. In den 3 Wochen um Ostern ist sie täglich ungefähr 2 Osterhasen von je 50 g. Die gleiche Menge in der Pfingstwoche, jetzt jedoch als Maikäfer, den ganzen Dezember täglich die gleichen Mengen wie Ostern, in dieser Zeit natürlich meist als Nikoläuse. In der übrigen Zeit kommt sie mit einer Tafel im Monat aus.
   d) Auch Julius isst seine Schokolade in diesem Jahr nur zu bestimmten Zeiten: Jeden Sonntag gibt es eine Tafel Schokolade, die doppelte Menge bei den fünf großen Familienfesten im Jahr.
   e) Wie ist der Durchschnittsverbrauch dieser vier Kinder?

SAR 3. Die 8,5 kg Schokolade werden in verschiedenen Formen gekauft:
   • der dritte Teil der Gesamtmenge entfällt auf gefüllte und der fünfte Teil auf ungefüllte Schokoladen;
   • andere gefüllte Produkte (Schoko-Ostereier usw.) und ungefüllte Produkte (Schoko-Nikoläuse usw.) und Pralinen machen jeweils den zehnten Teil aus;
   • bei jedem zwölften Teil handelt es sich um kakaohaltige Zuckerwaren;
   • beim Rest handelt es sich um alkoholhaltige Pralinen.
   Erstelle eine Grafik, aus der die Mengen der einzelnen Warengruppen in etwa herausgelesen werden können. Du kannst dabei die Zahlen auf- oder abrunden.

G. Christensen/H.-W. König: Kompetenzorientierte Sachaufgaben aus dem Alltag
© Persen Verlag

12 Pizzeria Il Mondo Rotondo

Die Pizza gehört zu den beliebtesten Speisen auf der Welt. So ist auch die Pizzeria von Carmine Paletto meistens voll besetzt. Aber er liefert Pizzas auch außer Haus.

Carmine ist sehr zufrieden mit seinem Umsatz. Für alle verkauften Pizzas hat er 19 602,00 € eingenommen. Seine Wochenstatistik zeigt die Anzahl der Verkäufe, die er täglich gemacht hat. Dabei hat er die Zahlen abgerundet. Hier sind seine Zahlen:

600								
400								
200								
100								
Wochentag	So	Mo	Di	Mi	Do	Fr	Sa	
Anzahl Pizzen	453	167	0	201	298	447	612	

SAR 1. Carmine zieht eine Wochenbilanz.
   a) Zeichne die Tagesverkäufe als Säulendiagramm ein.
   b) Wie viele Pizzas wurden in der Woche verkauft? Wie hoch ist der Tagesdurchschnitt?
   c) Wie hoch ist der Durchschnittspreis einer Pizza? Wie hoch ist die durchschnittliche Tageseinnahme?

2. Natürlich war die Anzahl bei den verschiedenen Pizzasorten sehr unterschiedlich. Wie viele Pizzas wurden von jeder Sorte verkauft?
   - 111 mehr als die Hälfte aller Pizzas waren mit Fleisch belegt,
   - jede sechste Pizza hatte weder Fleisch noch Früchte des Meeres.

Gemüse	Fleisch	Meeresfrüchte

3. Auch die Preise waren unterschiedlich. Carmine hat für jede Sorte einen einheitlichen Preis festgelegt. Wie teuer verkauft Carmine die einzelnen Sorten?
   - Eine Fleischpizza ist 1,50 € teurer als eine Pizza mit Meeresfrüchten.
   - Der Preis der vegetarischen Pizza liegt 2,50 € unter dem Durchschnittspreis.

Gemüse	Fleisch	Meeresfrüchte

13 Fahrrad-Ferien

EA 1. Niklas und sein Freund Moritz sind begeisterte
Radfahrer. In den Sommerferien machen sie häufig
Tagestouren. Sie nehmen sich vor, im Durchschnitt
täglich 20 km zu schaffen. Daher achten sie genau
auf ihren Kilometerzähler und notieren die zurück-
gelegten Strecken:

1. Tag	2. Tag	3. Tag	4. Tag	5. Tag	6. Tag	7. Tag	8. Tag	9. Tag	10. Tag
21,3	24,7	15,1	7,5	19,5	20,6	18,9	22,0	17,5	19,9

Strecken in km

a) Wie viele Kilometer haben sie in den 10 Tagen geschafft?

b) Wie viele Kilometer hätten sie am 3. und am 4. Tag mehr fahren müssen, um
   ihren angestrebten Durchschnitt zu erreichen?

2. Um von vornherein die täglichen Fahrradstrecken besser planen zu können –
   immerhin wollen sie ihr Tagespensum auf 25 km erhöhen – haben sie sich eine
   Entfernungstabelle angefertigt.

	A	B	C	D	E	F	G
A							
B							
C							
D							
E							
F							

Entfernungen in m

Trage die kürzesten Entfernungen in die Tabelle ein.

PS 3. Auf den Wegen um die beiden
Seen herum gibt es viele Möglichkeiten, die täglichen Strecken zu verändern.

a) Wie lang ist die Strecke,
   wenn alle Teilstrecken in ei-
   ner Tour mindestens einmal abgefahren werden? Dabei sollen möglichst wenige
   Teilstrecken doppelt gefahren werden.

b) Gibt es eine Strecke, die in etwa 25 km lang ist? Zeige auf.

c) Wo liegt das Problem, dass nicht alle Wege nur einmal befahren werden können?
   Zeichne einen solchen Streckenplan, der ebenfalls um 2 Seen herumführt und
   ungefähr 25 km lang ist.

G. Christensen/H.-W. König: Kompetenzorientierte Sachaufgaben aus dem Alltag
© Persen Verlag

14 Niederschläge

SAR Herr Weier ist Förster. Häufig muss er Brandwache halten, da der Wald wegen der Trockenheit besonders brandgefährdet ist. Er notiert sehr genau, welche Regenmengen monatlich gefallen sind. Hier hat er die durchschnittliche Niederschlagsmenge für das letzte Jahr eingezeichnet. Natürlich hat es in den verschiedenen Monaten auch unterschiedliche Regenfälle gegeben.

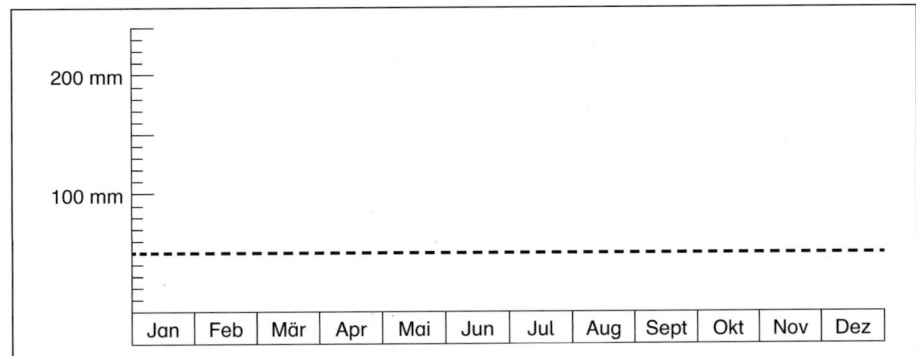

1. Im Oktober hat es am meisten geregnet, genau das Doppelte des monatlichen Durchschnitts, der Juli war mit einem Regentag und 5 mm Niederschlag sehr trocken, die Monate März, April, November und Dezember lieferten sich fast genau die Durchschnittsmengen.
   Im Januar gab es 25 mm weniger als im Dezember, der Februar steigerte sich um 19 mm Niederschlag. Der Mai lag 16 mm über dem Durchschnitt, und der Juni brachte immerhin 79 mm. Der August war um 34 mm nasser als der Vormonat.
   a) Wie viel Niederschlag fiel insgesamt im letzten Jahr?
   b) Zeichne das Diagramm für die monatlichen Niederschlagsmengen.

2. Emma hat Rekordzahlen über Niederschläge in anderen Ländern gelesen. Sie vergleicht sie mit den Niederschlägen, die hier gemessen wurden.

Guadeloupe	in 1 Minute	38 mm
China	in 1 Stunde	401 mm
Réunion	in 24 Stunden	1 825 mm
Indien 1	in 1 Monat	9 300 mm
Indien 2	in 12 Monate	26 461 mm

   a) Berechne Durchschnittswerte für die beiden Angaben zu Indien und zu Réunion, sodass man sie vergleichen kann.
   b) Vergleiche Guadeloupe und China miteinander.
   c) Vergleiche drei dieser Angaben mit den Werten aus der Aufgabe 1.
   d) Stelle deine Vergleiche vor und erkläre sie.

3. Markus berichtet von einer Urlaubsreise in ein Land, in dem es sehr viel geregnet hatte, als sie dort waren. Hier sind die Wetterdaten dieses Landes.

	Jan	Feb	Mär	Apr	Mai	Jun	Jul	Aug	Sep	Okt	Nov	Dez
Max. Temp.	32	33	34	35	34	33	33	33	32	32	32	31
Min. Temp.	22	24	26	26	26	26	25	25	25	24	23	21
mm	9	20	31	74	220	150	160	214	345	270	46	5
Regentage	1	3	3	6	16	16	17	20	20	17	6	1

Wo könnte Markus im Urlaub gewesen sein? Macht mindestens fünf Aussagen, die ihr aus dieser Aufstellung entnehmen könnt. Begründet eure Aussagen.

_____

_____

_____

_____

_____

_____

_____

G. Christensen/H.-W. König: Kompetenzorientierte Sachaufgaben aus dem Alltag
© Persen Verlag

15 Benzinpreise

SAR Norbert Neumann ärgert sich seit Wochen über die ständig wechselnden und meistens steigenden Benzinpreise.
Herr Neumann ist Pendler, er fährt jeden Tag ca. 150 km, um zwischen seinem Arbeitsplatz und der Wohnung zu pendeln.
Herr Neumann fährt vom Montag bis Freitag zur Arbeit. Am Wochenende ist die Familie in der Regel noch einmal mit dem Auto 100 km unterwegs. Jeden Tag schaut er auf die großen Preistafeln der Tankstellen. In den letzten zwei Wochen stellte er diese Preise für Super-Benzin fest. Am heutigen Tag kostet das Benzin 140,9/Liter.

	So	Mo	Di	Mi	Do	Fr	Sa
01.03.–07.03.	135,9	129,9	137,9	138,9	137,9	139,9	139,9
08.03.–14.03.	139,9	134,9	143,9	142,9	141,9	141,9	140,9

1. Familie Neumann fährt einen PKW, der ca. 8 l Benzin pro 100 km verbraucht. Der Tank des Wagens fasst 60 Liter.
   a) Wie weit kommt Herr Neumann mit einem Liter Benzin? Du kannst das auch über eine Tabelle herausbekommen.
   b) Herr Neumann tankt immer, wenn der Tank nur noch zu einem Viertel gefüllt ist. Wie viele Kilometer ist er dann mit dem verbrauchten Benzin gefahren?
   c) Wie viele km ist Herr Neumann in dieser Woche gefahren?
   d) Wie viele Liter Benzin hat Herr Neumann in dieser Woche ungefähr verbraucht? Auch hier solltest du mit abgerundeten Zahlen rechnen.

2. Am Montag, dem 02.03., hatte Herr Neumann den Wagen am Ort seines Arbeitsplatzes für 39,00 € aufgetankt.
   a) Wie viel Liter Benzin hat Herr Neumann an diesem Tag getankt?
   b) Wann hat er in dieser Woche erneut tanken müssen? Wo tankt Herr Neumann? (Vielleicht hilft dir hier eine Skizze.) Wie hoch war seine Rechnung?
   c) Wie viele Geld musste er in dieser Woche unge-
      fähr für Benzin ausgeben?
      Herr Neumann denkt über die Entwicklung der
      Benzinpreise nach.

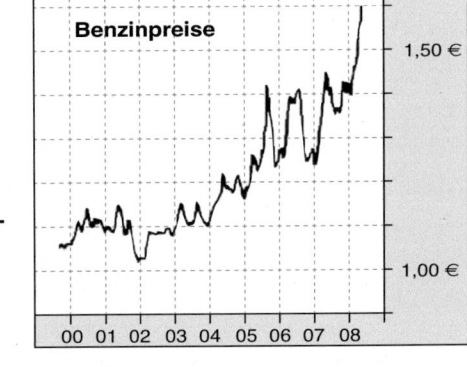

   d) Wie hat sich der Durchschnittspreis für Benzin
      in den letzten beiden Wochen unterschieden?
   e) Wie viel hat Herr Neumann durch den Preisunter-
      schied mehr bzw. weniger bezahlt?
   f) Wie könnte der Benzinpreis in einem Monat aus-
      sehen?
   g) Was könnte Herr Neumann tun, um seine Ausgaben für Benzin zu vermindern? Stelle deine Berechnungen und Überlegungen vor. Begründe sie.

16 Wir fahren auf der Autobahn

Die benachbarten Familien Sauerbruch und Basler fahren zur gleichen Zeit (08:15 Uhr) in der nördlichsten Stadt Deutschlands auf die Autobahn A7 nach Süden. Sie haben unterschiedliche Ziele am heutigen Tag. Verfolge ihre Fahrten auf einer entsprechenden Straßenkarte.

Die ersten 90 Minuten kommen sie gemeinsam zügig voran. Während dieser Zeit halten sie eine Durchschnittsgeschwindigkeit von 100 km/h. Danach geht es die nächsten 30 km wesentlich langsamer: Für diese kurze Strecke benötigen sie eine ¾ Stunde. Die nächsten 20 km bis zum Autobahnkreuz können sie mit 100 km/h zurücklegen. Hier trennen sich die Fahrzeuge.

SAR 1. Die Sauerbruchs fahren nach Südwesten. Sie erreichen nach ungefähr 90 km ihr Ziel. Wegen der vielen Baustellen auf der Autobahn kommen sie nur langsam voran, sind aber mit der Durchschnittsgeschwindigkeit von 60 km/h noch ganz zufrieden. Unterwegs machen sie noch eine Pause von 20 Minuten.
   a) Wohin könnte Familie Sauerbruch gefahren sein? Begründe.
   b) Wie viele Kilometer hat die Familie zurückgelegt?
   c) Wann ist sie an ihrem Ziele angekommen?

2. Die Baslers fahren nach Südosten weiter. Nach 30 km endet die Autobahn. Die 30 km legen sie in 20 Minuten zurück. Bevor sie auf der Bundesstraße nach Süden weiterfahren, fahren sie in das Zentrum der Stadt, an der sie gerade angekommen sind. Der Aufenthalt kostet sie 1 Stunde und 25 Minuten.
   Für die letzten 30 km zu ihrem Zielort benötigen sie auf der Bundesstraße nach Süden noch einmal 45 Minuten.
   a) Wohin könnte Familie Basler gefahren sein? Begründe.
   b) Wie viele Kilometer hat die Familie zurückgelegt?
   c) Wann ist sie an ihrem Ziele angekommen?

3. Nachdem die Familien wieder zu Hause sind, vergleichen sie ihre Fahrzeiten.
   a) Wie war die Durchschnittsgeschwindigkeit der Familie Sauerbruch? Es genügt eine Überschlagsrechnung.
   b) Wie war die Durchschnittsgeschwindigkeit der Familie Basler? Es genügt eine Überschlagsrechnung.
   c) Vergleiche die Ankunftszeiten. Erkläre und begründe die Unterschiede.
   Erklärt und begründet eure Vorgehensweisen beim Ermitteln der Durchschnittsgeschwindigkeiten. Warum ist es sinnvoll, mit auf- bzw. abgerundeten Zahlen zu rechnen.

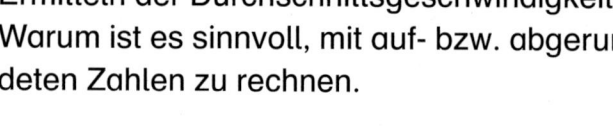

G. Christensen/H.-W. König: Kompetenzorientierte Sachaufgaben aus dem Alltag
© Persen Verlag

17 Softdrinks und andere Flüssigkeiten

Lukas trinkt gern Milch, und Nele liebt den schwarzen Tee. Niklas bevorzugt die Softdrinks (Limonaden) und Emilia schwört auf Wasser. So hat jeder seine Vorlieben. Das beliebteste Getränk in Deutschland aber ist der Kaffee. Aber auch Bier wird von den Erwachsenen gern getrunken.

Hier ist eine Statistik über den Pro-Kopf-Verbrauch in Litern pro Tag.

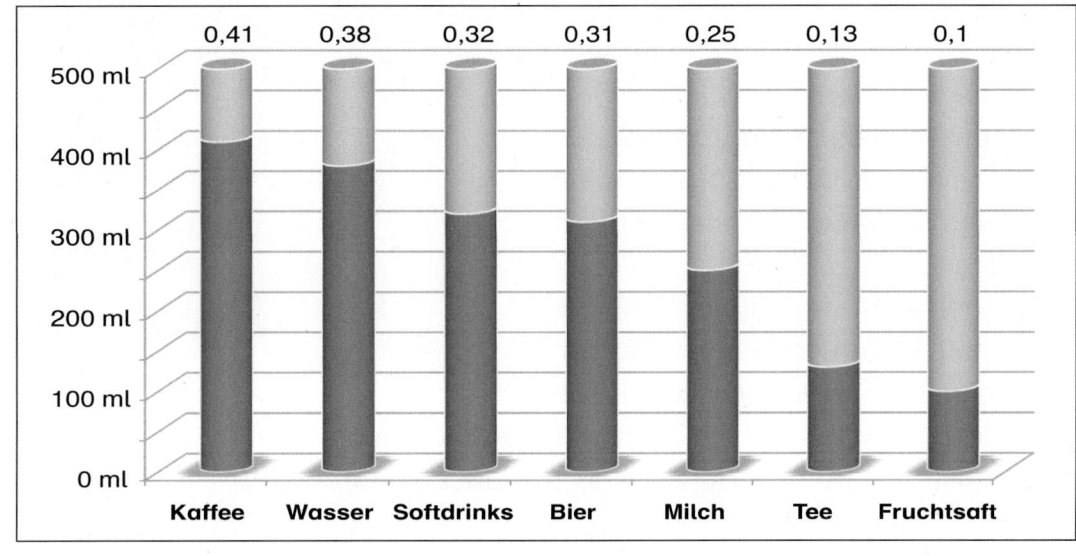

1. Statistiker rechnen fast alles aus. So wollen sie wissen, wie lang eine Kette aus Teetassen, Milchtüten, Wasser- oder Limonadenflaschen wird, die genau die Mengen enthalten, die an jedem Tag in Deutschland getrunken werden.
   Beschreibt einen Lösungsweg anhand eines Getränkes, stellt ihn dar und begründet ihn.
   Stellt Vermutungen an über die Länge der Ketten. Wie weit würden sie von deinem Heimatort aus reichen?

SAR 2. Was würde „der Pro-Kopf-Verbrauch in Litern pro Tag" für dich bedeuten? Erkläre es am Beispiel deines Lieblingsgetränks.
   a) Wie viele Liter Milch müssten danach insgesamt täglich von allen Kindern deiner Klasse getrunken werden? Stimmt das auch in Wirklichkeit?
   b) Wie viel Kaffee trinken nach dieser Statistik deine Eltern in einem Monat?
   c) Wie viel Flüssigkeit müsste nach dieser Statistik jeder von euch täglich zu sich nehmen. Kann das sein?

3. Kaffee wird in 500-g-Packungen verkauft. Für eine Tasse Kaffee nimmt man etwa 1 Teelöffel Kaffee (ca. 5 g).
   a) Wie viele Tassen Kaffee ergeben sich danach aus einem Paket Kaffee?
   b) Wie lange würden deine Eltern damit auskommen?
   c) Kann man nach dieser Statistik ausrechnen, wie viel Kilogramm Kaffee jedes Jahr in Deutschland verkauft werden? Skizziere einen Lösungsweg, stelle ihn dar und begründe ihn.

18 Stunden auf der Autobahn

Zum Ferienbeginn ist der Verkehr auf den Autobahnen besonders groß. Mit langen Fahr- und Wartezeiten ist zu rechnen.

PS 1. Die Familie Bartels macht sich mit dem Auto auf den Weg in den Urlaub nach Schweden. Bis zum Fährhafen sind es ca. 450 km. Um 13:15 Uhr legt die Fähre nach Schweden ab.
Auf dem Wege dorthin soll eine Pause gemacht werden. Mehr Sorgen bereiten allerdings die vielen Baustellen auf der Autobahn.
So werden im Verkehrsfunk Behinderungen auf einer Länge von 30 km angekündigt. Hier muss man damit rechnen, dass die Autos nur mit Tempo 20 vorankommen.

Wann sollte die Familie Bartels von zu Hause losfahren, um rechtzeitig an der Fähre zu sein?
Stellt einen Zeitplan auf, stellt ihn vor, erklärt und begründet eure Vorgehensweise.

SAR 2. Auch den Fernfahrern machen die Baustellen sehr zu schaffen. Die Fahrzeiten sind daher sehr schwer einzuschätzen.
Dirk Bauer begegnen mit seinem Lastzug auf seiner 460 km langen Fahrt 5 Baustellenschilder. Im Durchschnitt sind die Baustellen 7 km lang. Die längste Baustelle zieht sich über 11 km hin.
a) Wie lang könnten die anderen Baustellen sein?
b) Dirk Bauer rechnet mit einer Durchschnittsgeschwindigkeit von 70 km/h. Für die Baustellenabschnitte veranschlagt er ein Tempo von 40 km/h.
Die Tageslenkzeit darf insgesamt neun Stunden nicht überschreiten. Die Lenkzeit darf ohne Fahrtunterbrechung 4,5 Stunden nicht überschreiten. Spätestens dann muss der Fahrer deshalb eine Fahrtunterbrechung von mindestens 45 Minuten einhalten.
Welche Zeit muss Dirk Bauer für seine Fahrt mindestens einrechnen?

3. Dirk Bauer kann die 12 km von seinem Abfahrtsort zur Autobahn mit einer Durchschnittsgeschwindigkeit von 35 km/h fahren. Nach den 460 km auf der Autobahn liegen noch weitere 19 km vor ihm. Diese schafft er dann mit einer Durchschnittsgeschwindigkeit von 55 km/h. Außerdem möchte er 3 Pausen von insgesamt 2 Stunden einlegen.
Wie steht es unter diesen Bedingungen mit der Fahrt von Herrn Bauer? – Wann muss er losfahren, um spätestens um 16:00 Uhr seine Ladung abzuliefern.
Stelle deine Überlegungen vor, erkläre und begründe sie.

G. Christensen/H.-W. König: Kompetenzorientierte Sachaufgaben aus dem Alltag
© Persen Verlag

19 Fußballfieber

Natürlich verfolgen viele Kinder der Klasse die Fußball-Bundesliga. An diesem Wochenende fand das Viertelfinale im Pokalwettbewerb statt. Es gab – wieder einmal – einige Überraschungen.

So verlor Köln im ausverkauften Stadion (30 660 Zuschauer) in Augsburg. Auch die Bremer – sie schlugen Hoffenheim – konnten alle 42 354 Eintrittskarten verkaufen. Auf Schalke ist das Stadion immer ausverkauft. 70 600 Zuschauer sahen den Sieg der Heimmannschaft über Osnabrück. Nur die Bayern aus München konnten nicht alle der 69 000 Plätze bei ihrem Heimsieg gehen Fürth füllen.

EA 1. Der Schüler Niklas führt über alles, was mit Fußball zu tun hat, eine Statistik. Insgesamt sahen 197 114 Zuschauer die vier Spiele.
   a) Wie viele Zuschauer hätten alle Spiele sehen können?
   b) Wie viele Zuschauer sahen das Spiel in München?
   c) Stelle eine Rangfolge der Zuschauerzahlen auf. Zwischen welchen Vereinen gab es den größten und zwischen welchen Vereinen gab es den kleinsten Unterschied bei den Zuschauerzahlen? – Wie groß sind diese Unterschiede?

SAR 2. Die Fußballer kosten viel Geld. Natürlich entstehen bei der Austragung eines Spieles vor so vielen Zuschauern noch viele andere Kosten. Wichtige Einnahmen haben die Vereine durch den Verkauf der Eintrittskarten. Hier siehst du eine Statistik einiger Bundesliga-Clubs.
Der durchschnittliche Preis für eine Eintrittskarte in der Bundesliga liegt bei etwa 20,00 €.

Verein	Dortmund	Hamburg	Leverkusen	Bochum	Wolfsburg
Plätze im Stadion	80 552	57 000	30 210	31 328	30 000
Durchschnitt der verkauften Karten	74 851	54 774	26 044	25 515	27 408

   a) Wie hoch sind die Einnahmen der einzelnen Vereine durch Eintrittskarten?
   b) Welcher Verein hat die größten Verluste durch die nicht verkauften Karten?
   c) Welcher Verein, glaubst du, hat im Vergleich zu seinen möglichen Einnahmen die beste bzw. schlechteste Auslastung des Stadions erreicht?

SAR 3. Natürlich nutzen die Vereine jede Möglichkeit, ihre Einnahmen zu verbessern. So verlangen sie bei besonderen Spielen gegen Spitzenmannschaften einen Top-Zuschlag zu den normalen Preisen.
Was müssen die Hamburger tun, um ihre Einnahmen um mindestens 500 000 € zu erhöhen? Dabei wollen sie ihre Fan-Kurve nicht verärgern. Hier hat jeder zehnte Zuschauer seinen Stehplatz. Mache einen Vorschlag. Denke daran, dass es sich um ein Spitzenspiel handelt. Dabei kannst du die Zahlen abrunden.

20 Ladungsverluste

PS 1. Lastwagen verlieren während ihrer Fahrt oft einen Teil ihrer Ladung. Thomas beobachtet einen solchen Lastwagen, der während der Fahrt gleichmäßig Kies verliert. Thomas überlegt, wie viel Kies der Lastwagen wohl verloren hat, wenn er sein Ziel erreicht hat?

    a) Überlegt, wie man den Verlust schätzen oder berechnen kann.

    b) Stellt eure Überlegungen am Beispiel eines Lastwagens vor, der 20 Minuten unterwegs ist.

EA 2. Ein anderer Laster verliert in jeder Sekunde etwa 250 g Kies.

    Der Kies selbst ist nicht besonders teuer. Er kostet 17,50 € pro 1 000 kg.

    Der Transport selber kostet vier Mal so viel. Trotzdem muss mit Verlusten gerechnet werden.

    Der Lastwagen bringt am Mittwoch zwei Mal eine Ladung von 8 t Kies zu einer Baustelle. Der Lastwagen braucht für die Anfahrt eine halbe Stunde.

    a) Wie viel Kies soll angeliefert werden? – Wie viel Kies ist tatsächlich geliefert?

    b) Welchen Wert hatten alle Kiesladungen?

    c) Wie hoch ist die Gesamtrechnung der Familie für die Kiesladungen?

    d) Schätze, wie teuer der Verlust an Kies ist.

SAR 3. Der Laster, der zur Bausteller der Familie Brauer fährt, verliert etwa 200 g Kies in jeder Sekunde. Die Brauers bestellen zwei Fuhren mit je 8 t Kies. Auf der ersten Fahrt kommt der Lastwagen wegen des Verkehrs nur sehr langsam voran. Er verliert dabei fast 1 t seiner Ladung.

    Die zweite Fuhre war nicht so verlustreich, da die Fahrzeit eine Viertelstunde kürzer war als bei der ersten Fahrt.

    a) Wie lange ist der Lastwagen zur Familie Brauer unterwegs gewesen?

    b) Wie viel Kies hat der Lastwagen in etwa auf der zweiten Fahrt verloren?

G. Christensen/H.-W. König: Kompetenzorientierte Sachaufgaben aus dem Alltag
© Persen Verlag

21 Besucherandrang

Das große Erlebnisbad ist eine große Attraktion. Oft herrscht hier ein reger Andrang und es bilden sich lange Schlangen vor der Kasse.

Die Familie Saban – 2 Erwachsene und 2 Kinder – kauft um 10:35 Uhr ihre Eintrittskarten. Ihr erstes Ticket hat die Nummer 14039.

EA 1. Zu diesem Zeitpunkt sind bereits 105 Badegäste im Schwimmbad.
   a) Welche Nummer hatte die Eintrittskarte, die an diesem Morgen als erste verkauft wurde?
   b) Wie viele Gäste haben seit der Öffnung des Bades durchschnittlich bis jetzt in jeder Minute das Bad betreten?
   c) Die Kasse geht davon aus, dass der Andrang bis 11:15 Uhr so bleibt. Danach rechnen sie mit 1 Person weniger pro Minute. Welche Nummer der Eintrittskarte müsste danach um 13:00 Uhr verkauft werden?

2. Um genau 13:00 Uhr verlässt die Familie Saban das Schwimmbad. An der Kasse wird gerade das Ticket mit der Nummer 14474 verkauft.
   a) Wie viele Eintrittskarten wurden an diesem Tag bisher verkauft?
   b) Was bedeutet das für den durchschnittlichen Kartenverkauf pro Minute? Hat die Kasse richtig kalkuliert?
   c) Um 13:00 Uhr haben neben den Sabans 239 weitere Gäste das Bad wieder verlassen. Wie viele Badegäste befinden sich zu diesem Zeitpunkt im Bad?

PS 3. Das Erlebnisbad bleibt bis 23:00 Uhr geöffnet. Um 16:00 Uhr betritt der Gast mit der Eintrittskarte Nr. 14688 das Erlebnisbad. Zu diesem Zeitpunkt befinden sich noch 301 Gäste in den verschiedenen Räumen.
   Bis zum Schließen des Bades verlassen in jeder Stunde durchschnittlich 45 Gäste mehr das Bad als Gäste hinzukommen. Nur in der Zeit von 19:00 Uhr bis 20:00 Uhr kommen 49 Gäste mehr als Gäste, die gegangen sind.
   Natürlich verlassen in jeder Stunde unterschiedliche viele Gäste das Bad.
   Wie könnte sich die Zahl der anwesenden Gäste entwickelt haben?
   Wie viele Gäste sind am Ende der Öffnungszeit noch im Erlebnisbad?
   Stellt eure Vorgehensweise bei der Lösung der Aufgabe vor und begründet sie.

Jeder Radiosender muss wissen, welche Personen ihn regelmäßig hören. Das ist wichtig für das Musikprogramm, aber auch für die Werbung. Auf diese Einnahmen ist der Sender angewiesen. So geht es auch dem Sender „RadioPOP".
Aus jeder Altersgruppe wurden 1000 Personen befragt.

EA 1. Dabei stellt sich Folgendes heraus:

Alter	12–14	14–16	16–18	18–20	20–22	22–24
Anzahl	509	768	636	479	350	188

Erstelle hierzu eine Diagramm.

Anzahl						
800						
700						
600						
500						
400						
300						
200						
100						

Alter

2. Wie viele Personen dieser Altersgruppen sind Hörer des Radiosenders RadioPOP? Wie viele hören den Sender nicht?

3. Welche Aussage trifft für welche Gruppe zu? Kreuze an und begründe.

Aussage	12–14	14–16	16–18	18–20	20–22	22–24
Ca. jeder Dritte hört den Sender.						
Etwa die Hälfte hört den Sender nicht.						
Etwa zwei von drei hören diesen Sender.						
Nur ein Viertel mag diesen Sender nicht.						
Ca. jeder Fünfte hört regelmäßig den Sender.						

4. Wie wäre ungefähr die Verteilung, wenn der Sender von jeder Altersgruppe 2 500 Personen befragt hätte? Du kannst die Zahlen auf- oder abrunden. Begründe deine Ergebnisse.

G. Christensen/H.-W. König: Kompetenzorientierte Sachaufgaben aus dem Alltag
© Persen Verlag

23 Andere Länder — andere Werte

Reisen in die USA sind sehr beliebt, da der Euro sehr günstig zum Dollar steht. Im Moment bekommt man etwa $ 1,40 für einen Euro. Deutsche Touristen kaufen daher besonders gern ein, ganz besonders Kleidung.

EA 1. Ergänze die Umrechnungstabelle zu diesem Kurs. Du kannst dabei auch abrunden.

€			5,00	7,50		25,00	37,00	98,00
$	14,00	21,00			42,00			

2. In den USA bezahlt man fast alles mit der Kreditkarte. Wie viel Geld wurde ungefähr zu Hause für diese Kleidungsstücke vom Bankkonto abgebucht?
Erkläre deinen Lösungsweg.

$ 49,99	$ 19,99	$ 9,99	$ 94,99	$ 54,99	$ 72,99
Jeans	Pullover	T-Shirt	Jacke	Schuhe	Trainingsanzug

3. In Amerika sind die Entfernung sehr viel größer als z. B. in Deutschland. Auch werden die Entfernungen in Meilen angegeben und nicht in Kilometer. 1 Meile sind ungefähr 1609 Meter. Hier ist eine Entfernungstabelle:

	Atlanta	Los Angeles	Miami	New York
Atlanta	–	2211	681	870
Los Angeles	2211	–	2752	2824
Miami	681	2752	–	1280
New York	870	2824	1280	–

a) Trage die Entfernungen in km in eine selbst erstellte Tabelle ein. Finde heraus, wie man Meilen in Kilometer umrechnet.

b) Finde heraus, wie weit du kommen würdest, wenn du von deinem Heimatort aus die Entfernung zwischen New York und Los Angeles fahren oder fliegen würdest.

24 Menschenkette

Ein großes Ziel ist es, einmal eine Menschenkette vom Norden zum Süden durch ganz Deutschland zu bilden. Dabei sollen möglichst gleich viele Kinder und Erwachsene an dieser Kette beteiligt sein.

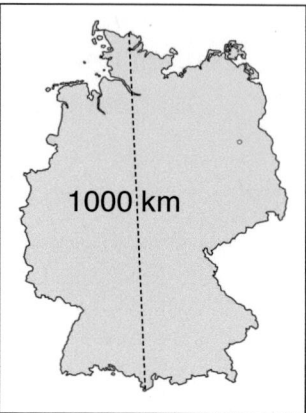

PS 1. Wie viele Kinder und Erwachsene wären für solch eine Kette ungefähr erforderlich? Probiert Möglichkeiten aus, wie man die Zahlen herausbekommen kann.
Erklärt eure Vorgehensweise und begründet sie.
Stellt eure Überlegungen vor und begründet sie.

EA 2. Die Gemeinde ruft zu einem Gedenktag am 15. Mai auf. Viele Menschen sollen hierzu eine möglichst lange Menschenkette bilden. Diese Kette soll alles übertreffen, was bisher in der Region an Menschenketten aufgetreten ist.
Die Schule übt vorher schon einmal die Aufstellung.
In den 19 Klassen der Schule werden 437 Schülerinnen und Schüler von 25 Lehrkräften unterrichtet. Heute allerdings fehlen die beiden 9. Klassen mit ihren insgesamt 35 Schülern und den 3 Lehrkräften.
Man rechnet, dass innerhalb der Kette jeder Schüler den Platz von einem Meter und jeder Erwachsene den Platz von zwei Metern einnimmt. Die insgesamt 71 Schülerinnen und Schüler der 8. und 9. Klasse gelten wegen ihrer Größe als erwachsen.
   a) Wie viele Schüler sind heute anwesend? Wie viele Lehrkräfte sind heute anwesend? Wie viele Personen gelten als Erwachsene?
   b) Wie lang wird die Kette, die von der Schule an diesem Tag gebildet werden kann?
   c) Reicht der Platz, wenn sich die Kette auf den Außenlinien des Sportplatzes aufstellt?

SAR 3. Die Personen stellen sich innerhalb des Platzes in mehreren Reihen auf.
   a) Wie viele Reihen können in der Längsrichtung aufgestellt werden?
   b) Wie viele Reihen können in der Querrichtung aufgestellt werden?
   Stelle deine Überlegungen vor und begründe sie.

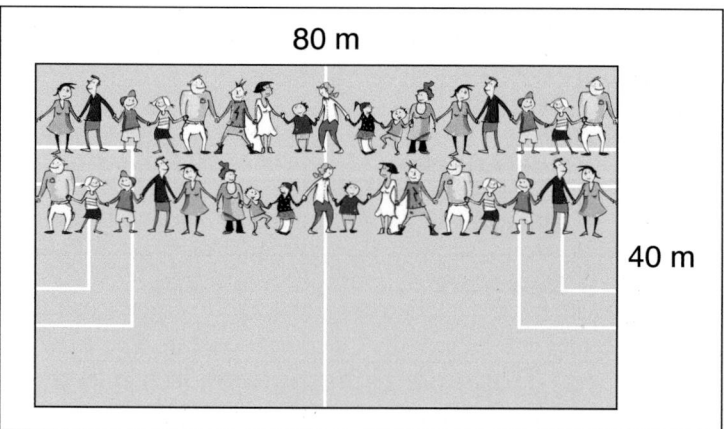

G. Christensen/H.-W. König: Kompetenzorientierte Sachaufgaben aus dem Alltag
© Persen Verlag

25 Sonderangebote — wirklich super?

Und immer wieder lockt die Werbung. Dabei ist sie sehr einfallsreich.
Hier einige Beispiele:

Gutkauf

Fachmarkt für
Unterhaltungs-
medien

Beim Kauf einer Ware über 500 €

SCHENKEN

wir Ihnen eine Ware im Wert von

100 €

~~11,99 €~~ **11,99 €**

**Nehmen Sie das 2.
zum halben Preis**

~~79,95 €~~
59,95 €

**zusätzlich 30 % Rabatt
an der Kasse**

Sammeln Sie Wertpunkte!

~~29,90 €~~   ~~79,90 €~~

Bei uns zahlen Sie

9,99 €   **19,99 €**,

wenn Sie 30 Wertpunkte haben.

Bei jedem Einkauf erhalten Sie an der Kasse
für jeden 5-€-Einkauf einen Wertpunkt.

Deine Teppichwelt

Nur heute!

Bei jedem Kauf über

100 € sparen Sie	10,– €
500 € sparen Sie	50,– €
1000 € sparen Sie	100,– €
3000 € sparen Sie	**500,– €**

T-Markt

~~699,– €~~

Nur 350,– €
für die ersten
5 Kunden

Nur heute!

Sie sparen ein Fünftel des Preises!

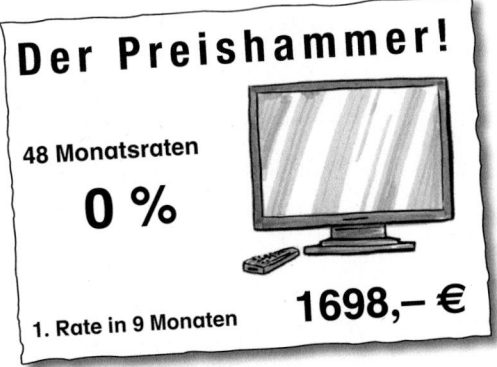

Der Preishammer!

48 Monatsraten

0 %

1. Rate in 9 Monaten   **1698,– €**

Vergleiche diese Sonderangebote.

a) Welches hältst du für ein richtiges Schnäppchen? Welches nicht?
b) Berechne, wo es möglich ist, die Verkaufspreise für die einzelnen Waren.

Beurteile diese Sonderangebote und nimm Stellung dazu. Trage deine Argumente vor
und begründe sie mit Zahlen.

1. Felix, Johann, Philip, Lea, Greta und Noah
   sind Schulfreunde. In der Schule sehen sie
   sich täglich, ihre Wohnungen aber liegen
   weit auseinander:

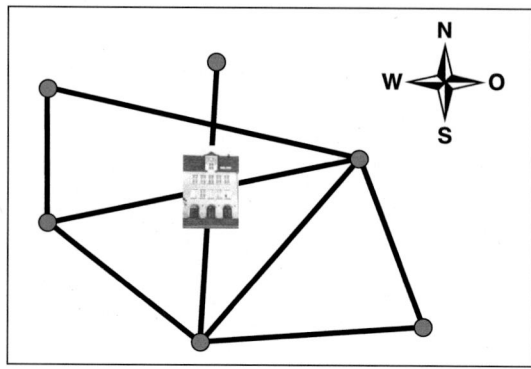

- Noah wohnt südöstlich der Schule. Um zu
  Philip zu kommen, fährt er zunächst nach
  Westen und dann nach Nordwesten. Das
  ist eine Gesamtstrecke von 12,7 km. 3,5 km
  nördlich von Philip wohnt Greta.
- Greta fährt nach Osten, biegt nach 3,9 km nach Norden und gelangt nach ungefähr
  1400 Metern zu Lea.
- Felix fährt nach Südwest, wenn er den 6,9 km entfernt wohnenden Johann besuchen
  will. Noah findet er nach 4,3 km. Greta und Felix wohnen genau 7 km auseinander.
- Die Schule liegt an einer Kreuzung. Leas Schulweg ist nur 3,1 km lang, Johanns
  Weg ist 400 m länger.
- Philip und Felix wohnen 8,4 km auseinander. Sie haben etwa den gleich langen
  Weg zur Schule. Philip hat nur 100 m mehr zurückzulegen.
- Noahs Schulweg geht über Johanns Wohnort und ist insgesamt 9,9 km lang.

EA Wo wohnen die einzelnen Klassenkameraden? Trage in die Tabelle die kürzesten
Entfernungen zwischen ihren Wohnorten ein.

	Felix	Greta	Johan	Lea	Noah	Philip
Felix						
Greta						
Johan						
Lea						
Noah						
Philip						

SAR 2. Alle Schülerinnen und Schüler fahren täglich mit dem Schulbus. Erstelle eine
Tabelle, in die du einträgst:
   a) die kürzesten Schulwege der Klassenkameraden,
   b) die Kilometer, die in einem Schuljahr zurückgelegt werden.
   c) Wie viele Stunden verbringen die Schülerinnen
      und Schüler in einem Schuljahr im Schulbus?
      Der Bus schafft, wegen der vielen Halte-
      stellen, eine Durchschnittsgeschwindigkeit
      von etwa 35 km/h.

G. Christensen/H.-W. König: Kompetenzorientierte Sachaufgaben aus dem Alltag
© Persen Verlag

27 Das perfekte Essen

PS 1. Laura erinnert sich an ein großes Volksfest im Sommer. Da wurde Bier aus einem 50-Liter-Fass in Gläser geschenkt, und die Erbsensuppe wurde mit einer Suppenkelle aus einem 125-Liter-Bottich geholt. Sie hat gesehen, dass Noah seine Cola mit dem Teelöffel aus dem Glas gelöffelt und Katrin aus einer 250-Liter-Regentonne mit einer Tasse die Blumen begossen hat.
   Wie oft können Biergläser gefüllt und kann Erbsensuppe aus dem Bottich geholt werden? Wie oft muss Noah löffeln und auf wie viele Tassen können die Blumen hoffen? Wie würdet ihr vorgehen, um diese Fragen zu beantworten? Zeigt Lösungswege auf und begründet sie.

EA 2. Laura kocht gern Suppen. Heute gibt es zu Hause ein großes Abendessen. 12 Personen werden sie sein. Wie immer beginnt das Essen mit dem Servieren einer Suppe. Laura kümmert sich um die Zutaten. Sie ist sehr genau bei der Abmessung der einzelnen Zutaten.

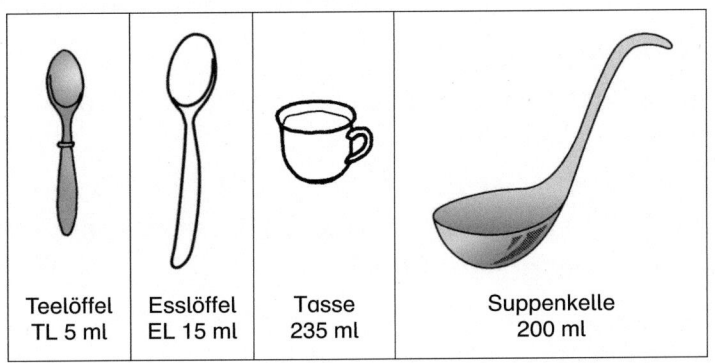

| Teelöffel TL 5 ml | Esslöffel EL 15 ml | Tasse 235 ml | Suppenkelle 200 ml |

250 ml Schlagsahne
¾ l Gemüsebrühe
3 EL Walnussöl
¼ EL Pfeffer
1 TL Estragon
2 EL Zitronensaft

   a) Wie viel Flüssigkeit enthält das Grundrezept für diese Suppe?
   b) Für jede Person ist für die Suppe ein Teller eingeplant. In den Teller passt der Inhalt von 2 Suppenkellen. Sicherheitshalber ist ein Viertel mehr Suppe eingeplant als Portionen. Es könnte ja sein, dass einigen Gästen die Suppe besonders gut schmeckt.
   Wie viele Liter Suppe sollte Laura deiner Meinung nach unbedingt kochen?
   c) Schreibe die nötigen Zutaten der Flüssigkeiten in ml auf.

SAR 3. Es werden auch Getränke angeboten. Lauras Eltern rechnen damit, dass drei Personen jeweils 1–3 Gläser Weißwein trinken, vier Personen die gleiche Menge an Rotwein, der Rest wird wohl nur Wasser trinken. Hier rechnen sie mit 4 Gläsern für jede Person. Aber auch die Weintrinker

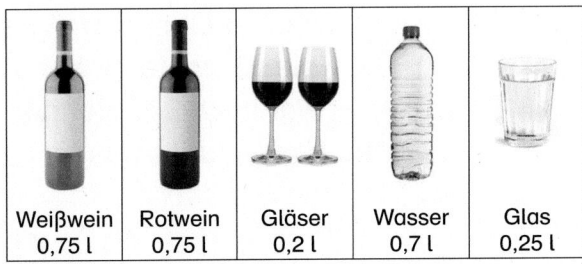

| Weißwein 0,75 l | Rotwein 0,75 l | Gläser 0,2 l | Wasser 0,7 l | Glas 0,25 l |

werden jeder zusätzlich zumindest 2 Gläser Wasser trinken.
   a) Welche Vorräte an Getränken sollten Lauras Eltern zumindest bereithalten?
   b) Lauras Eltern könnten auch 1-Liter-Flaschen kaufen. Diese würden jeweils um ¼ teurer sein als die 0,75-Liter-Flaschen. Was würden die Eltern dabei sparen? Begründe.

PS 1. Nele geht in einer Minute 100 m weit. Emilia braucht dafür 30 Sekunden länger. Sie stellen sich vor, einen Kilometer voneinander entfernt zu sein und wollen aufeinander zugehen. Nach welcher Zeit treffen sie sich und wie viele Meter ist jedes Mädchen gegangen?
Skizziere Lösungsmöglichkeiten, stelle dies dar und begründe sie.

EA 2. Sarah und Felix wollen sich um 15:00 Uhr an der alten Eiche zu einer Radtour treffen. Sie wohnen 2,8 km auseinander und fahren sich entgegen. Sie können sich schon von Weitem sehen.
Felix hat bereits 1 ½ km zurückgelegt, Sarah erst 700 Meter.

   a) Wie weit sind sie im Moment noch auseinander?
   b) Felix hat nach 200 m das Ziel erreicht. Pünktlich treffen sie sich am Baum. Wie weit ist Sarah von ihrer Wohnung entfernt?
   c) Ihre Rundtour durch das Seengebiet ist 10,7 km lang. Drei Mal machen sie eine Pause von 10 Minuten. Um 16:30 Uhr sind sie wieder zurück bei der Eiche. Wie lange haben sie auf ihrem Fahrrad gesessen?

3. Sie verabschieden sich dort, wo sie sich getroffen hatten.
   a) Felix saust nach Hause. Sein Tacho zeigt 24 km/h. Sarah fährt nur halb so schnell nach Hause. Wie weit sind sie nach einer Minute auseinander?
   b) Welchen Restweg haben die beiden jeweils nach dieser Minute noch zurückzulegen?
   c) Wer von den beiden ist früher zu Hause?

SAR 4. Mit dem Flugzeug entfernt man sich viel schneller voneinander. Malik und Nils trafen sich am Flughafen. Malik reiste nach Osten, Nils nach Westen. Beide Flugzeuge flogen mit einer Geschwindigkeit von ca. 900 km/h.
   a) Wie viele Kilometer haben sich Malik und Nils in 1 Minute voneinander entfernt?
   b) Malik war nach 3 ¼ Stunden am Ziel, Nils nach 1 ½ Stunden. Wie weit lagen ihre Urlaubsziele auseinander?

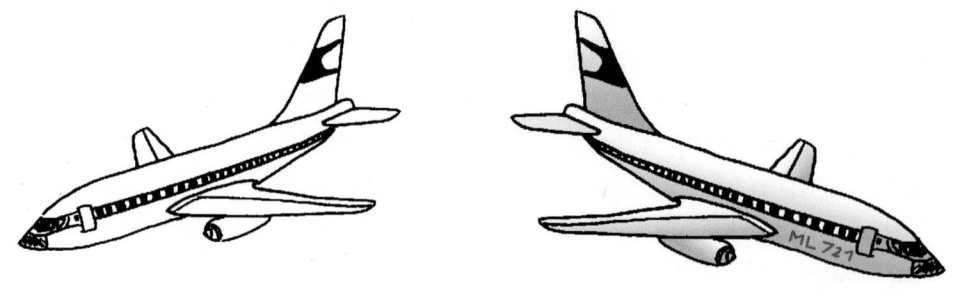

G. Christensen/H.-W. König: Kompetenzorientierte Sachaufgaben aus dem Alltag
© Persen Verlag

29 Gallonen, Pounds und andere Werte

EA
SAR

1. In den USA ist das Benzin wesent-
lich billiger als in Deutschland.
In den USA wird das Tanken von
Benzin nach Gallonen berechnet,
in Deutschland nach Litern. Eine
Gallone ist etwa so viel wie 3,8 Liter.

Gallone	Liter
$ 2.80	**€ 1,40**
USA	D

Was würde 1 Liter Benzin in
Deutschland kosten, wenn es hier
genauso viel kosten würde wie in Amerika?
Was würde 1 Liter Benzin in den USA kosten, wenn es dort genauso viel kosten
würde wie in Deutschland?
Du solltest die Zahlen abrunden, wenn du dann damit besser rechnen kannst.

2. Die Amerikaner grillen genauso gern wie die Deutschen –
besonders gern viel Fleisch. Könnte das auch an den
Preisen für Fleisch liegen? Überprüfe das.

In den USA wird nicht in Kilogramm abgewogen, sondern in Pound (lb), das sind ca. 450 g – also ungefähr
so schwer wie das Gewicht, das wir Pfund nennen.

$ 18.98 lb	€ 21,98 kg
USA	D

Was würde 1 kg Steak in Deutschland kosten, wenn
es hier genauso viel kosten würde wie in Amerika?
Was würde 1 kg Steak in den USA kosten, wenn es dort genauso viel kosten würde
wie in Deutschland?
Du solltest die Zahlen abrunden, wenn du dann damit besser rechnen kannst!

3. Auch die Amerikaner achten sehr auf die Kalorien bei ihren Lebensmitteln. Weiß
man aber wirklich, wie viele Kalorien man zu sich genommen hat?

In Deutschland beziehen sich die Angaben immer auf 100 g, in Amerika immer auf
Servings. Gemeint sind Portionen. Das kann eine Tasse, ein Esslöffel, ein Teelöffel
oder auch etwas anderes bedeuten. Welches Lebensmittel hat denn nun mehr Kalorien. Kannst du das herausfinden? Rechne mit abgerundeten Zahlen.

Durchschnittliche Nährwerte	Pro 100 g	1 Esslöffel (15 g)
Brennwert	188 kJ/44 kcal	28 kJ/7kcal
Eiweiß	1,6 g	0,2 g
Kohlenhydrate	8,6 g	1,3 g
davon Zucker	4,5 g	0,7 g
Fett	0,4 g	0,1 g
davon gesättigte Fettsäuren	0,1 g	<0,1 g
Ballaststoffe	4,1 g	0,6 g

Nutrition Facts
Serving Size 1 Cup (227 g)
Serving per Container about 4

Amount Per Serving

Calories 200   Calories from Fat 25

	% DV*
Total Fat 3 g	5 %

30 Buskalkulation

Ein Reisebusunternehmen muss dafür sorgen, dass seine Busse immer unterwegs sind, um Geld einzufahren. So muss bei der Planung einer Reise auch immer ein ordentlicher Gewinn für das Unternehmen herauskommen. Wodurch kann das Reiseunternehmen das erreichen?

PS 1. Die Klasse 5a der Waldschule plant einen Tagesausflug in die Lüneburger Heide.
Welche Kostenpunkte muss ein Busunternehmen beachten, wenn es der Schule einen Kostenvoranschlag für eine Klassenfahrt macht?

    a) Stellt eine Liste möglicher Kostenpunkte zusammen. Erläutert eure Überlegungen, indem ihr eine Zusammenstellung eventueller Kosten für eine solche Tagesfahrt macht.

    b) Was würde diese Aufstellung für eure Klasse bedeuten, wenn ihre eine vergleichbare Tagesfahrt durchführen möchtet?

SAR 2. Das Reiseunternehmen führt auch größere Reisen durch. So plant sie für den Sommer eine zweiwöchige Fahrt nach Norwegen. Hier sind einige Angaben zu dieser Reiseplanung des Busunternehmens:

- 48 Fahrgäste, 2 Busfahrer
- der Bus wird ca. 10 000 km zurücklegen (Kraftstoffverbrauch: ca. 30 Liter/100km
- Hotelkosten (Ü, HP) ca. 80,00 € pro Person und Nacht
- Extrakosten (Fahrer, Fähren, Gebühren usw.) etwa 5 000 €.

Im Reisekatalog wird diese Fahrt wie folgt angegeben:

Ist das ein angemessener Preis für diese Reise?
Die Angestellten des Reisebüros sind unterschiedlicher Meinung. Manche finden den Preis zu hoch, andere wiederum zu niedrig.

Wer hat Recht? Sucht Argumente für und gegen diesen Preis. Begründet eure Argumente und belegt diese mit Zahlen.

G. Christensen/H.-W. König: Kompetenzorientierte Sachaufgaben aus dem Alltag
© Persen Verlag

31 Flügelschläge und mehr

Nicht nur Zugvögel überbrücken große Entfernungen, auch einige Insekten fliegen sehr weit. Z. B. können afrikanische Wanderheuschrecken bei der Suche nach Nahrung pro Tag mehr als 300 Kilometer zurücklegen. Insgesamt bringt es ein Tier bei dieser Wanderung auf eine Entfernung von bis zu 3 000 Kilometer. Auch Schmetterlinge legen große Strecken zurück, wie etwa der Admiralsfalter, der von Italien bis nach Skandinavien fliegt.

Die meisten Insekten – wie die Biene – bleiben im näheren Umfeld, sind aber auch sehr fleißige Flieger. Ihre Fluggeschwindigkeiten und auch die Anzahl der Flügelschläge sind dabei allerdings sehr unterschiedlich. Hier eine Tabelle:

Insekt	km/h	Flügelschläge/sec
Honigbiene	29	250
Fliege	18	44
Hummel	8	190
Kohlweißling	14	12
Heuschrecke	16	20
Libelle	30	20
Mücke	1,5	300

PS 1. Kann es sein, dass eine afrikanische Heuschrecke bei ihrer Fluggeschwindigkeit an einem Tag bis zu 300 km schaffen kann?
   a) Wie viele Flügelschläge müsste sie bei dieser Anforderung leisten?
   b) Führen höhere Flügelschläge auch zu höheren Geschwindigkeiten?
   Erklärt eure Überlegungen und stellt eure Rechnungen vor.

2. Honigbiene und Mücke schlagen sehr schnell mit ihren Flügeln. Haben sie auch während eines Tages die gleiche Anzahl von Flügelschlägen? Legen sie gleich große Strecken zurück?
   Denkt an den Lebensrhythmus von Bienen und Mücken und versucht, hier eine Antwort zu finden. Begründet eure Annahmen und belegt diese mit Zahlen.

3. Berechnet die Anzahl der Flügelschläge, die ein Insekt ausführen muss, um seine jeweilige Kilometerleistung/h zu erfüllen:

Insekt	Flügelschläge/h
Fliege	
Hummel	
Kohlweißling	

Insekt	Flügelschläge/h
Heuschrecke	
Biene	
Mücke	

32 Kaffee-Weltmeister

Die Deutschen sind Weltmeister im Kaffeetrinken. In diesem Jahr haben sie schon wieder 1,2 Milliarden Tassen Kaffee mehr getrunken als im Vorjahr. So hat jeder Bundesbürger im Durchschnitt 150 Liter Kaffee getrunken. Dazu wurden insgesamt etwa 530 000 Tonnen Rohkaffee importiert.

PS 1. Aus diesen Zahlen können Statistiker viele Daten gewinnen. Welche könnten das sein?
Überlegt, welche Zahlen interessant sein könnten und welche zusätzlichen Angaben ihr dafür benötigt. Denkt dabei daran, was alles mit dem Kaffee geschieht, bis er zu Hause getrunken werden kann. Stellt eine Liste zusammen und stellt vor, wie ihr Berechnungen von Daten durchführen könnt.

SAR 2. Angenommen, jeder der 80 Millionen Bundesbürger trinkt wirklich Kaffee, dann kommen bei den folgenden Fragen sehr große Zahlen heraus. Vielleicht findet ihr einen Weg, diese großen Zahlen zu umgehen.

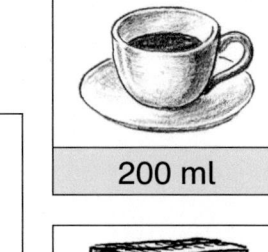

200 ml

a) Wie viele Liter trinken alle Bundesbürger daher jährlich? Wie heißt diese große Zahl?

b) Wie viele Tassen trinkt jeder durchschnittlich im Jahr? Wie viel etwa am Tag?

c) Wie viele Löffel mit Kaffeepulver können einem Kaffeepaket entnommen werden?

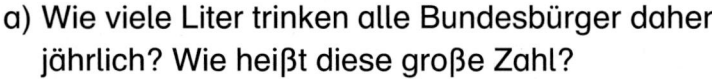

7 g

d) Wie viele Kaffeepakete können aus der importierten Kaffeemenge hergestellt werden?

e) Wie viele Kaffeepakete werden an jedem Geschäftstag im Durchschnitt verkauft?

500 g

PS 3. Kann man sich solche großen Zahlen überhaupt noch vorstellen? Hilft es euch, wenn ihr überlegt und ausrechnet, wie lang eine Kette aller Kaffeepakete aneinandergereiht oder wie hoch ein Turm aus allen Paketen werden würde?
Vergleicht diese Längen mit wirklichen, euch vorstellbaren Längen oder Höhen. Auch müssen solche großen Mengen transportiert werden, z. B. mit Lastwagen oder Zügen. Auch hieraus ergeben sich Längen.
Überlegt eine Vorgehensweise, erklärt sie und versucht, zu einem Ergebnis zu kommen. Denkt darüber nach, ob euer Ergebnis wirklich stimmen kann.

G. Christensen/H.-W. König: Kompetenzorientierte Sachaufgaben aus dem Alltag
© Persen Verlag

33 Schneemassen

PS 1. Ole hat mit seinen Freunden im Garten einen riesigen Schnee-
mann gebaut. Jetzt besteht er nur noch aus Altschnee und ist
kräftig geschrumpft. Er ist nur noch 1,50 m hoch und hat einen
Bauchumfang von 2 m.
Wie viel Wasser könnte dieser Schneemann enthalten?
Zeigt einen Weg auf, um diese Menge zu ermitteln.

EA 2. Es ist ein langer, kalter und schneereicher Winter. Förster Weier freut sich auch des-
wegen darüber, weil der Wald endlich wieder Wasser bekommt. Aber: Wie viel Wasser ist eigentlich im Schnee?
Herr Weier füllt einen 10-l-Eimer mit Neuschnee und am nächsten Tag einen gleich
großen Eimer mit Altschnee. Im warmen Keller taut der Schnee auf.
Er misst die Wassermengen mit einem Messbecher.
Das Ergebnis:

Wasser im Neuschnee   Wasser im Altschnee

Was sagt dir dieses Ergebnis?
a) Welchen Anteil hat das Wasser bei neu gefallenem Schnee?
b) Welchen Anteil hat das Wasser bei altem Schnee?
c) Welche Erklärung hast du dafür?

SAR 3. Wie hoch der Schnee gefallen ist, kann man mit einem
Zollstock messen. Der Regen wird mit einem Regen-
messer aufgefangen. Dieser Regenmesser hat eine
Skala von 1 mm bis 35 mm.
Förster Weier hat gemessen, dass in der Nacht 8 cm
Neuschnee gefallen sind.

a) Welche Wasserhöhe würde er im Regenmesser ablesen können, wenn es in
dieser Nacht + 5 °C warm gewesen wäre?
b) Die gesamte Schneedecke besteht jetzt aus 20 cm Altschnee und 8 cm Neuschnee. Wie hoch würde das Wasser im Regenmesser stehen, wenn dieser
Schnee als Regen gefallen wäre?
c) Der Regenmesser zeigt an, dass 1 mm Regen gefallen ist.
Das bedeutet, dass es auf dieser Rasenfläche 1 Liter Regen-
wasser gegeben hat.
Welche Neuschneehöhe hätte die gleiche Wassermenge
gebracht?

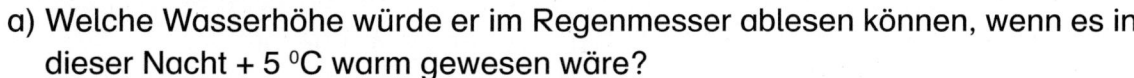

Rasen   1 m
1 m

34 Tropfenweise

PS 1. In der Klasse tropft unentwegt der Wasserhahn. Das geht schon seit einer Woche so. Katrin und Maike stört das besonders, da sie ganz in der Nähe des Waschbeckens sitzen. Außerdem glauben sie, dass dadurch sehr viel Wasser verloren geht. Sie wollen es genauer wissen. Wie können sie das herausfinden?
Macht Vorschläge. Was muss man hierzu alles wissen oder herausfinden? Begründet eure Überlegungen.

2. Katrin denkt dabei an die Hustentropfen, die sie vor einiger Zeit nehmen musste. Hustensaft wird in 3 verschieden großen Flaschen verkauft: 30 ml, 50 ml und 100 ml.
Katrin musste täglich dreimal 20 Tropfen nehmen. Die kleinste Flasche reichte für 10 Tage.
   a) Wie viele Tropfen sind in der kleinsten Flasche?
   b) Wie viele ml Tropfen hat Katrin täglich genommen?
   c) Wie viele Tropfen sind in 1 ml Hustensaft?
   d) Wie lange würde man mit den beiden größeren Flaschen auskommen?

EA 3. Katrin und Maike wissen, dass es verschieden große Tropfen gibt. Sie nehmen aber an, dass es keinen großen Unterschied zwischen Hustensaft- und Wassertropfen gibt.
Vom lästigen Wasserhahn in der Klasse fällt fast in jeder Sekunde ein Wassertropfen. Die Mädchen stellen einen Messbecher (1 Liter) unter den Wasserhahn, als sie die Klasse um 13:00 Uhr verlassen. Sie wollen am nächsten Morgen um 8:00 Uhr nachschauen, wie viel Wasser in den Becher getropft ist.
Was erwartet die Mädchen am nächsten Morgen? Wie viel Wasser müsste im Becher sein? Versuche, es zu berechnen.

SAR 4. Katrin und Maike sind überrascht.
   a) Jetzt wollen sie wissen, wie viel Wasser durch ihren Wasserhahn während der Sommerferien verloren geht. Wie viel ist es?
   b) Weiter stellen sie sich vor, dass es in jeder der 27 städtischen Schulen mindestens drei tropfende Wasserhähne gibt.
   Wie hoch ist hier der gesamte Wasserverlust in den Sommerferien?
   Wie viel Geld muss die Stadt für dieses verlorene Wasser bezahlen? Die Wasserwerke verlangen für 1 m³ Wasser 1,20 € und den gleichen Betrag noch einmal für das Abwasser.

G. Christensen/H.-W. König: Kompetenzorientierte Sachaufgaben aus dem Alltag
© Persen Verlag

35 Kalorien müssen sein

Natürlich weiß jeder Mensch, dass er essen muss und für jeden Tag eine Grundversorgung braucht.

SAR Wissenschaftler haben sogar berechnet, wie groß der tägliche Grundumsatz an Kalorien ist. Es gibt eine Formel, nach der du ausrechnen kannst, wie groß dein eigener Grundumsatz ist. Das ist nur ein Richtwert, an dem man sich orientieren kann und gilt auch nur, wenn man sich am Tag wenig bewegt und keine anstrengenden Arbeiten macht.

Mädchen rechnen:	Jungen nehmen:
10-mal das Gewicht (kg) plus 2-mal die Größe (cm) minus 5-mal das Alter (Jahre) plus 650.	14-mal das Gewicht (kg) plus 5-mal die Größe (cm) minus 7-mal das Alter (Jahre) plus 66.

Alev ist 12 Jahre alt, 140 cm groß und wiegt 35 kg.	Lukas ist 11 Jahre alt, 139 cm groß und wiegt 37 kg.

1. Wie viele Kalorien an Grundumsatz brauchen Alev und Lukas täglich?

2. Wie groß ist dein persönlicher Grundumsatz? Berechne ihn und vergleiche dein persönliches Ergebnis mit anderen.

3. Hier sind Angaben von weiteren Kindern. Berechne jeweils den Grundumsatz an Kalorien:

	Emma	**Katrin**	**Simon**	**Nils**
Gewicht	29 kg	27 kg	30 kg	32 kg
Größe	131 cm	129 cm	132 cm	134 cm
Alter	10	9	10	10

4. So groß sind die Unterschiede in diesem Alter nicht, wenn man nicht besonders groß oder schwer ist. Suche aus diesen Beispielen einmal möglichst viele und auch möglichst wenige Dinge, mit denen du deinen täglichen Grundbedarf decken könntest. Die Kalorienangaben beziehen sich jeweils auf 100 g.
Schreibe auf, wie viele Kalorien deine ausgewählten Dinge jeweils haben.

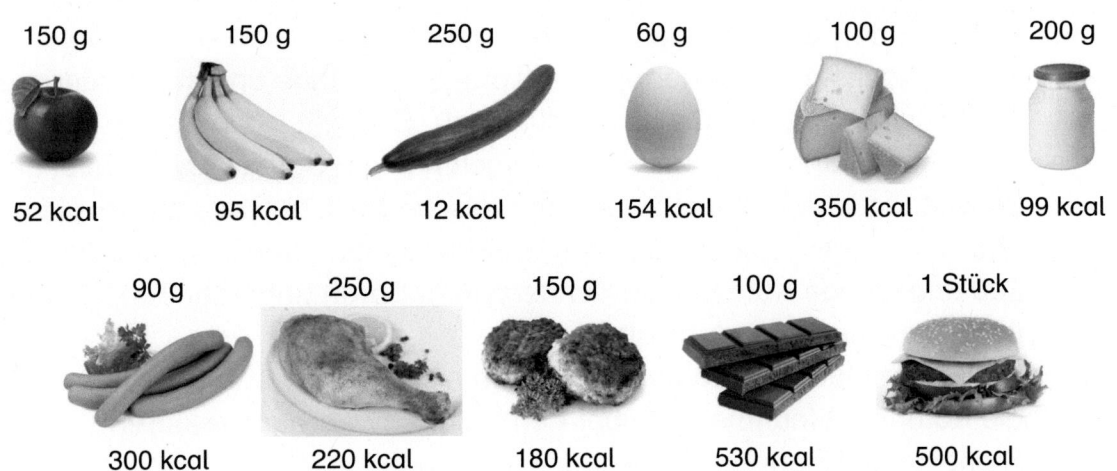

150 g	150 g	250 g	60 g	100 g	200 g
52 kcal	95 kcal	12 kcal	154 kcal	350 kcal	99 kcal

90 g	250 g	150 g	100 g	1 Stück
300 kcal	220 kcal	180 kcal	530 kcal	500 kcal

36 Kalorienkontrolle

Die meisten Kinder müssen sich nicht täglich auf die Waage stellen. Sie wissen auch, dass sie überflüssige Kalorien wieder verbrauchen können: durch viel Bewegung. Sie müssen sich auch nicht Tabellen ansehen, die ausweisen, wie viele Kalorien man bei bestimmten Tätigkeiten verbraucht. Aber manche interessieren sich schon dafür.

PS 1. Wie sieht es mit der Aufnahme und dem Verbrauch von Kalorien bei dir aus? Wie sind deine täglichen Essgewohnheiten? Was isst du besonders gern? Versuche, deinen täglichen Kalorienumsatz darzustellen und zu erklären. Welche Angaben musst du berücksichtigen? Überlege, wie du dir fehlende Informationen hierzu verschaffen kannst.

2. Leo isst leidenschaftlich gern Schokolade – jeden Tag eine halbe Tafel. Eine Tafel Schokolade hat immerhin 530 kcal. Hinzu kommt seine Leidenschaft für Fast Food. Nach dem zweistündigen Fußballtraining am Mittwoch isst er regelmäßig zwei Hamburger (je fast 500 kcal) und Pommes Frites (ca. 600 kcal). Am Montag und am Mittwoch spielt er jeweils 2 Stunden Badminton. Außerdem fährt er jeden Tag mit dem Fahrrad zu Schule. Für eine Fahrt braucht er ca. eine halbe Stunde. Das Fußballspiel am Samstag dauert 1 ½ Stunden

   a) Kann Leo durch seine sportlichen Tätigkeiten seine zusätzlichen Kalorien ausgleichen? Ordne die Angaben und vergleiche die zusätzliche Kalorienaufnahme mit dem zusätzlichen Kalorienverbrauch.

   b) Kann Leo sich seine Zusatzkalorien leisten? Was meinst du dazu?

Ungefährer Verbrauch von Kalorien in einer Stunde (40 kg Körpergewicht):

Badminton	180	Fernsehen	38
Fußball	240	Treppen steigen	200
Joggen	250	Gartenarbeit	150
Rad fahren	180	Computer	90
Schwimmen	250	Lernen	50

SAR 3. Sarah ist da viel bequemer. Sie bewegt sich lange nicht so viel. Dafür isst sie in der Woche höchstens ein Viertel einer Tafel Schokolade und zwei- oder dreimal zum Nachtisch ein großes Eis (je ca. 300 kcal). Sie geht wöchentlich 2 Stunden zum Schwimmen und bleibt etwa jeden Nachmittag 2 Stunden zu Hause, um zu lernen. Sie isst täglich viel Gemüse, wenig Fleisch und liebt Gurken über alles. Dafür streicht sie das Brötchen dick mit Nuss-Nougat-Creme ein – das bringt täglich ca. 500 ungesunde Kalorien. Im Schnitt nimmt Sarah ungefähr 300 Kalorien mehr als ihren täglichen Grundumsatz zu sich.

   Hat Sarah Gewichtsprobleme? Ernährt sie sich ausgewogen? Kannst du das über die Kalorienaufnahme und über den Kalorienverbrauch erklären? Stelle deine Überlegungen vor und begründe sie.

G. Christensen/H.-W. König: Kompetenzorientierte Sachaufgaben aus dem Alltag
© Persen Verlag

In den USA ist alles ein bisschen größer – so scheint es jedenfalls. Gilt das auch für die Temperaturen, die hier mit Fahrenheit gemessen werden und nicht mit Celsius wie in Deutschland?
Viele Amerikaner und Kanadier verbringen die Wintermonate in Florida, im Südosten der USA, da es hier sehr viele wärmer ist.

EA 1. Vergleiche die mittleren Tagestemperaturen. Wie hoch ist die Temperatur in Celsius? Trage ein.

Höchste durchschnittliche Tagestemperatur:

Florida	Nov.	Dez.	Jan.	Feb.	März
Fahrenheit					
Celsius	27	25	24	25	26

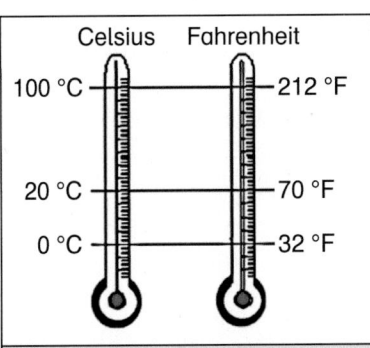

Grad in Fahrenheit
Minus 32
geteilt durch 9,
dann multipliziert mit 5
= Grad in Celsius

Vergleiche mit der Abbildung rechts. Wie sind die Grad in Celsius? Was glaubst du? Erkläre.

Alaska	Nov.	Dez.	Jan.	Feb.	März
Fahrenheit					
Celsius	− 8	− 9	− 10	− 8	− 5

2. Wie sind die durchschnittlichen Temperaturen in den Wintermonaten in Florida und in Alaska? Berechne den Unterschied.

	Celsius	Unterschied	Fahrenheit	Unterschied
Alaska				
Florida				

3. In den Wüsten, wo es tagsüber besonders heiß ist, wird es nachts oft bitterkalt.
So meldet der Wetterbericht in Arizona eine Tageshöchsttemperatur von 104 Grad F. Nachts kann das Thermometer auf bis zu 7 °C zurückgehen.
Was bedeutet das? Vergleiche die Tages- und Nachttemperaturen in Grad C und in Grad F.

	Celsius	Unterschied	Fahrenheit	Unterschied
Tag			104	
Nacht	+ 7			

PS Kreuzfahrten mit riesigen Passagierschiffen sind z. Zt. äußerst beliebt. Gerade ist wieder ein Kreuzfahrer fertiggestellt worden, der an Komfort kaum zu übertreffen ist.
Und in der Tat: Es ist kaum zu glauben, was auf solch einem Schiff alles zu finden ist:

Technische Daten	
Schiffstyp	Passagierschiff
Verdrängung	71 000 Tonnen
Länge	338,75 m
Breite	56 m
Tiefgang	8,8 m
Höhe	72,3 m
Geschwindigkeit	21,6 Knoten

Ausstattung	
Anzahl der Decks	18
Kabinen (Passagiere)	1817
Außenkabinen ohne Balkon	242
Kabinen mit Balkon	842
Innenkabinen	733
Passagiere	3600
Besatzung	1401

Besonderheiten
- Surfpark an Bord
- Boxring
- Basketballfeld
- Mini-Golfplatz
- Theater mit 1350 Sitzplätzen
- 2200 m² Bade- und Erlebnislandschaft
- Kletterwand (ca. 169 m²)
- Eislaufbahn mit 800 Sitzplätzen im Zuschauerrang

1. Das Schiff ist meistens in der Karibik unterwegs und bietet achttägige (7 Nächte) Reisen an. Es sind viele Menschen zu versorgen. Dafür sind z. B. mehrere Küchen und Bäckereien an Bord.
   Berechne bzw. schätze, welche Mengen an Nahrungsmitteln oder Getränken das Schiff allein für eine der Hauptmahlzeiten (Frühstück, Mittag- oder Abendessen) für nur einen Tag mitnehmen muss.
   Was würde das für die gesamte Fahrt bedeuten?
   Denkt dabei z. B. an Frühstückseier, Brötchen, Fleisch, Obst, Getränkesorten usw.
   Notiert, welche Angaben notwendig sind, um die richtigen Mengen zu ermitteln.
   Stellt eure Überlegungen vor und begründet sie.

2. In einem Prospekt wird für eine Kreuzfahrt u. a. mit folgenden Behauptungen geworben:
   a) Das Schiff hat 2901 Kabinen.
   b) Der Kreuzfahrer schafft 40 km in der Stunde.
   c) Es gibt nur Doppelkabinen.
   d) Das Schiff ist länger als drei Fußballplätze hintereinander.
   e) Das Schiff ist von der Wasserlinie mehr als 20-mal so hoch wie ein Wohnzimmer.
   Überprüfe diese Behauptungen.

Tipp:
1 Knoten (kn) = 1 Seemeile/h = 1,852 km/h ≈ 0,51444 m/s

G. Christensen/H.-W. König: Kompetenzorientierte Sachaufgaben aus dem Alltag
© Persen Verlag

39 Mäuseplage

Mäuse vermehren sich ebenso schnell wie Ratten. Im Schnitt kommen 24 Tage nach der Paarung 6 Junge zur Welt.
Diese sind nach ca. 12 Wochen selbst wieder geschlechtsreif. Die Eltern paaren sich erneut, und auch die Jungen suchen sich Partner. Weitere 24 Tage später, also nach ca. 15 Wochen, ist die nächste Mäusegeneration geboren.

EA 1. Wie viele Nachkommen hat das erste Mäusepaar nach dieser Zeit? Löse die Aufgabe mithilfe einer Skizze oder einer Tabelle.
Besprich die Aufgabe mit deinem Lernpartner und stellt euren Lösungsweg vor.

Zeitspannen	1. Januar	24 Tage später	15 Wochen später (etwa Mitte April)	15 Wochen später (etwa Anfang August)
Anzahl Mäuse				
Anzahl Eltern				

SAR 2. Wie sieht es mit der Anzahl der Mäuse aus, wenn zwei weitere Generationen von Mäusen geboren sind?
Führt die Tabelle oder die Skizze weiter. Vielleicht erkennst du eine Regel, wie sich die Anzahl der Mäuse bzw. der Elternpaare verändert?
Wie lautet sie?

PS 3. Wie viele Kinder könnte eine einzige Maus in einem Jahr bekommen?
Wie lange würde es etwa dauern, bis aus einem Mäusepaar 1 Million Mäuse geworden sind?
Gib Gründe an, warum es trotz der schnellen Vermehrung in der Regel zu keiner Mäuseplage kommt.

40 Freizeitpark

Die neue Super-Achterbahn ist die Attraktion des Freizeitparks. Hier herrscht stets ein großer Andrang. Der Park hat täglich von 9:00 Uhr bis 18:00 Uhr geöffnet. Aus Sicherheitsgründen startet nur alle 90 Sekunden ein Wagen mit 6 Personen.

SAR 1. Wie viele Wagen fahren in einer Stunde, wie viele am Tag?
Wie viele Personen können in dieser Zeit befördert werden?
Wann genau startet die 9. Fahrt, wann die 25. Fahrt?

2. Niklas kauft seine Fahrkarte um 11:58 Uhr. Sein Wagen beginnt die 155. Fahrt an diesem Tag. Wie lange muss Niklas auf seine Fahrt warten?
Als Katrin ihre Fahrkarte mit Abfahrtzeit 14:06 Uhr mit der Nummer 1427 bezahlt, startet gerade der Wagen, in dem der Fahrgast mit der Fahrkartennummer 1205 sitzt.
Zu welcher Zeit hat Katrin ihre Fahrkarte gekauft?

3. In jeder Viertelstunde werden im Durchschnitt 20 Eintrittskarten mehr verkauft als in dieser Zeit Fahrgäste transportiert werden können. Paula möchte um 16:15 Uhr noch eine Fahrkarte kaufen. Kann sie für den heutigen Tag noch eine Fahrkarte bekommen?

4. Im Durchschnitt kostet eine Fahrkarte für die Super-Achterbahn 6 €. Der Freizeitpark hat an 5 Tagen im Jahr nicht geöffnet.
In der Hochsaison – das sind ca. 6 Monate – rechnet die Super-Achterbahn damit, dass sie täglich ausgebucht ist. Ein Drittel des Jahres wird sie auch nur mit einem Drittel der Gäste auskommen müssen. An den anderen Tagen rechnet sie mit einer halben Auslastung.
Das Management des Freizeitparks muss folgende Kosten einplanen:

Personalkosten	Wartung	Reparatur	Rücklagen	Gewinn

Die Personalkosten stellen den weitaus größten Posten dar, für Reparaturen dagegen wird das wenigste Geld eingeplant.
Erstelle einen Finanzplan für den Betrieb der Super-Achterbahn.
Erkläre und begründe deinen Vorschlag.

G. Christensen/H.-W. König: Kompetenzorientierte Sachaufgaben aus dem Alltag
© Persen Verlag

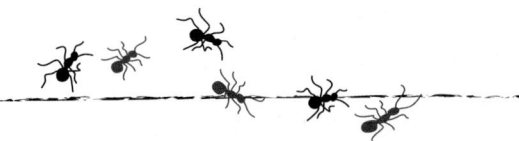

Die Rote Waldameise ist äußerst nützlich für den Wald. Ein normales Ameisenvolk besteht etwa aus einer halben Million Ameisen. Pro Tag vernichtet jedes Ameisenvolk zehntausende Schädlinge bzw. deren Larven und Raupen – in einem Jahr etwa 6 Millionen. Allerdings nur in einem Umfeld von ca. 20–50 m um den Ameisenbau herum.

EA 1. Wie groß kann die Fläche sein, in der ein Ameisenvolk seine Beute sucht?
Ermittle die kleinste und die größte Fläche.
Zeige mit einer Skizze auf, wie diese Flächen aussehen könnte.

2. Eine normale Waldameise ist in etwa acht Millimeter lang und wiegt etwa 10 Milligramm.
   a) Wie lang wäre eine Ameisenstraße, wenn sich alle Ameisen eines Haufens hintereinander aufreihen würden?
   b) Wie schwer wären alle Ameisen eines einzigen Haufens?
   c) Wie viele Ameisen müssen zusammenkommen, damit sie zusammen ein Kilogramm wiegen?

3. Ameisen sind richtige Kraftprotze Sie können Lasten tragen, die das Zehnfache ihres eigenen Gewichtes betragen. Ziehen können sie Gewichte, die 17-mal so schwer sind wie sie selbst. Um größere Tiere transportieren zu können, gehen sie daher häufig gemeinsam auf Nahrungssuche.
   a) Kann eine Waldameise eine Biene (90 mg) transportieren?
   b) Eine Libelle ist ungefähr 850 mg schwer. Wie schaffen die Ameisen den Transport?
   c) Welches Gewicht müsstest du tragen bzw. ziehen können, wenn du über die gleichen Fähigkeiten wie eine Ameise verfügen würdest?
   Welcher Gegenstand könnte so ein Gewicht haben?

Mit dem Flugzeug in den Urlaub – das wird immer beliebter. Bei den Flugpreisen gibt es einen heftigen Wettbewerb. Die Billigflieger sind mehr und mehr gefragt.
Da ist es schon wichtig, welches Flugzeug für welche Strecken eingesetzt wird.

	Airbus			Boeing	
Typ	A 310	A 380		B 767	777-300
Sitzplätze	240	525		224	350
Reichweite	6 800 km	15 200 km		10 200 km	14 500 km
Tankfüllung	55 000 Liter	320 000 Liter		90 000 Liter	180 000 Liter
Verbrauch/km					
Geschwindigkeit	800 km/h	900 km/h		830 km/h	900 km/h

PS 1. Welches Flugzeug fliegt eurer Meinung nach am günstigsten?
Nach welchen Werten würdet ihr euch richten? Welche Daten solltet ihr hierfür noch herausfinden? Welche Daten sind besonders wichtig bei der Ermittlung von Gesamt-kosten?
Stellt eure Überlegungen und Vorgehensweisen vor und begründet eure Meinung mit Vergleichszahlen.

SAR 2. Sehr viele Menschen wollen täglich nach New York fliegen. Fast immer sind die Maschinen ausgebucht. Das ist eine Strecke von 6 200 km.
   a) Welches Flugzeug würde eurer Meinung nach die Lufthansa, die mit Airbus fliegt, einsetzen, welches Delta Airlines, die mit einer Boeing fliegt?
   b) Welche Gesellschaft kann eine Person billiger über den Atlantik fliegen?
      Berechne hierzu den Kerosinverbrauch pro Person.

3. Wie viele Autos der Mittelklasse könnte man mit Benzin betanken, wenn die Kerosinmengen eines Flugzeuge zur Verfügung stünden.
   Berechne es für die vier Flugzeugtypen.

Tipp:
Der Tank eines Mittelklasse-wagens fasst ca. 60 Liter.

G. Christensen/H.-W. König: Kompetenzorientierte Sachaufgaben aus dem Alltag
© Persen Verlag

43 Rekordläufe

In der Leichtathletik werden immer wieder neue Rekorde aufgestellt. Dabei gibt es natürlich Unterschiede zwischen Frauen und Männern. Hier sind einige Rekordzeiten (abgerundet):

Männer	Disziplin	Frauen	Unterschied
9,6 s	100 m	10,5 s	
19,2 s	200 m	21,2 s	
43,2 s	400 m	47,6 s	
1:41,00 min	800 m	1:52,00 min	
3:26,00 min	1.500 m	3:51 min	
12:38 min	5.000 m	14:11 min	
26:18 min	10.000 m	29:32 min	
2:05:00 h	Marathon	2:15:30 h	
1:17:00 h	20-km-Gehen	1:26:00 h	

EA 1. Wie groß sind die Zeitunterschiede zwischen Frauen und Männern? Trage ein.

SAR 2. Angenommen, die Sportlerinnen und Sportler laufen in ihrem jeweiligen Rekordtempo die anderen Strecken. Welche Zeiten würden dabei herauskommen?
Finde Möglichkeiten heraus, die Zeiten zu ermitteln. Erkläre deine Vorgehensweise.
Worin liegen die besonderen Schwierigkeiten?
Denke auch daran, Werte eventuell abzurunden.

a) Der Rekordhalter über 100 m läuft:

Strecke:	Zeit:
400 m	
800 m	
10 000 m	

b) Die Rekordhalterin über 800 m läuft:

Strecke:	Zeit:
1 500 m	
5 000 m	
10 000 m	

c) Der Rekordhalter über 10 000 m läuft:

Strecke:	Zeit:
100 m	
800 m	
5 000 m	

b) Die Rekordhalterin über 10 000 m läuft:

Strecke:	Zeit:
200 m	
1 500 m	
5 000 m	

44 So ein Kohl!

Wer hat denn schon einmal eine Sauerkraut-Fabrik besucht? Auf dem Weg zur Nordsee kommt man in Schleswig-Holstein an riesigen Kohlfeldern vorbei. Hier sieht man viele große Felder mit verschiedenen Kohlsorten. Hier stellt sich die Frage, was man mit dem vielen Kohl anfängt. Wer isst schon Kohl?

SAR 1. Der Führer durch die Sauerkraut-Fabrik erzählt, dass ein Feld z. B. ungefähr 210 m lang und 180 m breit ist und dass der Weißkohl im Abstand von 30 cm (Länge) und 45 cm (Breite) gepflanzt wird. Die Besucher wurden nun aufgefordert, auszurechnen (selbstverständlich half ihnen ihr Taschenrechner):

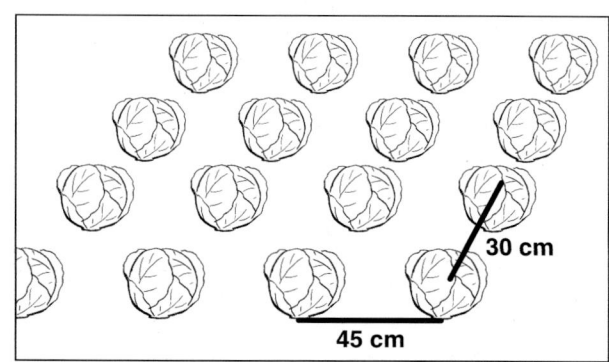

   a) Wie viele Weißkohlköpfe befinden sich auf diesem Feld?
   b) Im Schnitt wiegt jeder Weißkohl 3 kg. Wie viele Kilogramm Weißkohl können von einem solchen Feld geerntet werden?
   c) Die Hälfte der Ernte wird zu Sauerkraut verarbeitet. 750 g von dem Kraut werden in eine Konservendose gepresst. Wie viele Konservendosen ergibt das?

2. Die Kohlfabrik ist bestrebt, den gesamten Ernteertrag zu verkaufen. Der Verkauf der Sauerkrautdosen bringt ihr einen schönen Gewinn. Sie erhält für jede Dose 41 Cent.
Die Supermärkte zahlen für jeden Kohlkopf 23 Cent, das ergibt eine Einnahme von 23 000 Euro.
Die restlichen Kohlköpfe werden auf Wochenmärkten für 1 Euro pro Kohlkopf verkauft.

Wie hoch sind die Einnahmen der Kohlfabrik allein aus diesem Weißkohlfeld?

3. Es werden noch andere Kohlsorten angepflanzt. Beliebt ist der Rotkohl, auch Blaukraut genannt. Er muss in einem Pflanzabstand von 50 cm × 50 cm gehalten werden, wenn er schnell feste Köpfe entwickeln soll.
Wie viele Kohlköpfe wachsen auf einem Quadratmeter, das ist eine Fläche von 1 m Länge und 1 m Breite.
Wie könnte ein Feld mit Rotkohl aussehen (Länge, Breite), auf dem 32 000 Rotkohlpflanzen wachsen?
Finde mehrere Lösungen. Stelle deine Überlegungen vor, erkläre und begründe sie.

G. Christensen/H.-W. König: Kompetenzorientierte Sachaufgaben aus dem Alltag
© Persen Verlag

45 Wettlauf der Tiere

PS 1. Geparde sind die schnellsten Landtiere auf diesem
Planeten. Sie schleichen sich bis 100 m an ihre
Beutetiere heran. Bei der Verfolgung erreicht ein
Gepard eine Geschwindigkeit von um die 100 km/h.
Dabei gelingt ihm eine Schrittlänge von bis zu sieben
Metern. Allerdings kann der Gepard diese hohe Ge-
schwindigkeit nur ungefähr 400 Meter lang durchhalten.
Eine Antilope kann bis zu 70 km/h schnell sein und das längere Zeit durchhalten.
Kann der Gepard die Antilope einholen? Was meinst du?
Kannst du deine Meinung beweisen? Erkläre deine Meinung und begründe sie.
Vielleicht hilft dir wieder eine Tabelle bei der Berechnung, z. B. wenn es darum
geht, wie viel Zeit der Gepard braucht, um eine Strecke von 400 m zurückzulegen.

SAR 2. Menschen fühlen sich im Sommer oft von Wespen oder
Fliegen geplagt und verfolgt. Am liebsten würden die
meisten diesen lästigen Insekten davonlaufen. Die
Schülerin Sarah läuft in der Sportstunde die 50 Meter
in knapp 10 Sekunden, ihre Freundin Emilia braucht
2 Sekunden länger. Würden sie schneller sein als die Insekten?

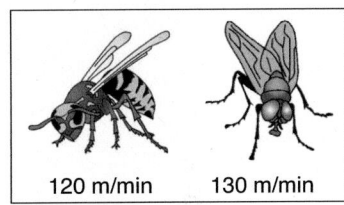

120 m/min   130 m/min

   a) Wie weit kommen die beiden Mädchen in einer Minute? Könnten sie ihr Tempo
      über eine Minute halten?

   b) Wie groß würden nach dieser Zeit die Abstände zwischen den Mädchen und den
      Insekten sein? Zeichne eine Skizze dazu.

   c) Wie viele Abstände kannst du insgesamt aus deiner Skizze ablesen?

3. Die schnellsten Männer der Welt
laufen die 100 m knapp unter
10 Sekunden.

   a) Laufen die schnellen Männer
      schneller als eines dieser
      Tiere laufen bzw. fliegen kann?

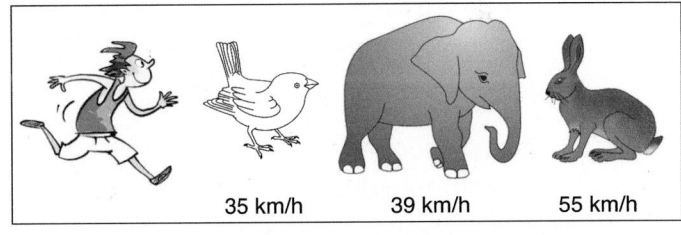

35 km/h   39 km/h   55 km/h

   b) Wie groß wären nach einer halben Stunde die Abstände zwischen den Teilneh-
      mern eines solchen Wettrennens?

4. Ein Pferd legt beim schnellen Traben in jeder Minute etwa eine Strecke von 300 m
zurück. Die schnellsten Marathonläufer der Welt brauchen für die 42,2 km 2 Stunden und 10 Minuten. Die schnellsten Läuferinnen laufen ungefähr eine Viertelstunde länger.
Wie schnell ist das trabende Pferd im Vergleich zu dem Läufer und der Läuferin?

46 Bettenauslastung

Frau Hausmann ist Managerin eines kleinen Hotels am Stadtrand. Es liegt wunderschön am Ufer eines Sees und in der Nähe eines großen Waldgebietes.
Frau Hausmann schaut auf die Auslastung ihres Hotels, die sie aus einem Zimmerplan der letzten Woche ablesen kann. Die belegten Zimmer hat sie gekennzeichnet. Diese Statistik sieht eigentlich genauso aus wie in den letzten 10 Wochen.
Frau Hausmann könnte zufrieden sein, aber es kommt bei ihr keine richtige Freude auf, als sie über die Zahlen nachdenkt.

PS Worüber könnte sie sich Gedanken machen?

Zimmerpreise	
Einzelzimmer	Doppelzimmer
72,00 €	95,00 €
inkl. Frühstück	

Nr.		Mo	Di	Mi	Do	Fr	Sa	So
201	DZ							
202	DZ							
203	DZ							
204	EZ							
205	DZ							
301	EZ							
302	EZ							
303	EZ							
304	DZ							
305	DZ							
		5	7	5	5	5	3	3

1. Was fällt dir an den Zahlen auf?
   Berücksichtige dabei: Vergleich der möglichen Einnahmen aus den Zimmervermietungen mit den tatsächlichen Einnahmen, die Auslastung des Hotels (Vergleich Einzel- und Doppelzimmer, Wochentage, einzelner Zimmer) usw.
   Mache zumindest 5 Aussagen zu der Statistik, und begründe diese mit den Zahlen.

2. Frau Hausmann sucht nach Veränderungsmöglichkeiten bei den Preisen.
   Mache Vorschläge, wie Frau Hausmann versuchen kann, die Zimmer über die Preise besser auszulasten. Sie könnte alle Preise ermäßigen oder erhöhen, sie könnte bestimmte Zimmer teurer bzw. billiger machen und sie könnte an einzelnen Wochentagen unterschiedliche Preise verlangen. Vielleicht fällt dir als Mitglied des Managements auch noch etwas Besonderes ein.
   Stelle deine Vorschläge vor, erläutere und begründe sie.

3. Frau Hausmann denkt über weitere Möglichkeiten nach. Sie schaut dabei aus dem Fenster und blickt auf den See und den Wald. Sie hat eine Idee. Welche Ideen könnte Frau Hausmann haben? Hast du auch welche? Dann stelle sie vor und erkläre sie.

G. Christensen/H.-W. König: Kompetenzorientierte Sachaufgaben aus dem Alltag
© Persen Verlag

47 Ampelstau

Auf dem Weg zur Schule müssen viele Schülerinnen und Schüler über eine Straßenkreuzung, die sehr stark befahren ist. Das führt jeden Morgen zu langen Wartezeiten.
So kommt es nicht selten vor, dass sie schon einen Kilometer nördlich der Kreuzung in die Warteschlange vor der Ampel geraten. Glücklicherweise ist das nicht täglich der Fall. Die Ampel schaltet für 1 Minute auf Grün und gibt dann für 1 ½ Minuten grünes Licht für die West-Ost-Richtung.

PS 1. Wie lange muss der Schulbus warten, bis er die Kreuzung passieren kann?
Fast alle Autos sind PKW, in denen meistens nur eine Person sitzt. In der ganzen Fahrzeugschlange sind in der Regel nur 3–4 Busse und ebenso viele LKW.
Überlegt, wie viele Fahrzeuge vor der Kreuzung stehen könnten, welchen Abstand sie halten und wie viele Autos bei einer Ampelphase über die Kreuzung fahren können.
Stellt eure Überlegungen vor, erläutert euren Lösungsweg und begründet ihn.

2. Auch auf der Ost-West-Straße herrscht den ganzen Tag über reger Verkehr. Fast die Hälfte der Fahrzeuge auf dieser Straße sind Lastkraftwagen. Insgesamt befahren etwa 15 000 Fahrzeuge innerhalb von 24 Stunden diese Kreuzung. In der Zeit von 0:00 Uhr bis 9:00 Uhr wurden allein 7 200 Fahrzeuge gezählt. Muss es in dieser Zeit auch hier zu einem Stau kommen? Was meinst du?
Versuche, deine Meinung mit Zahlen zu beweisen.

3. Was kann man tun, um den Verkehrsfluss an dieser Ampel zu erleichtern? Das Einfachste wäre, einen Tunnel oder eine Brücke zu bauen, aber dafür fehlt das Geld. Hast du einen Vorschlag? Versuche, einen zu erarbeiten und mit Zahlen zu beweisen.

Familie Rave hat die Jahresabrechnung für ihren Stromverbrauch erhalten. Sie ist schon wieder erheblich höher als die Rechnung des Vorjahres, obwohl sie in diesem Jahr weniger Strom verbraucht haben als in den Vorjahren.

	Zählerstand		Verbrauch(kWh)	Preis/kWh	Gesamtpreis/Jahr
	15. März	14. März			
1. Jahr	15 982	20 112	4130	15 ct	
2. Jahr	20112	24 468	4356	16 ct	
3. Jahr	24 468	28 443	3975		834,75 €

SAR 1. Die Raves vergleichen die Rechnungen der letzten drei Jahre.
   a) Wie hoch waren die Stromrechnungen im 1. und im 2. Jahr? Wie hoch war der Preis für eine kWh im dritten Jahr?
   b) Die Familie hat vom Mai bis März eine monatliche Pauschale für ihre Stromkosten bezahlt. Diese Pauschale betrug im 1. Jahr 60,00 €, im 2. Jahr 65,00 € und im 3. Jahr 70,00 €.
   Im April bekommt die Familie die Jahresabrechnung. Ihre monatlichen Beiträge werden nun mit den tatsächlichen Kosten verglichen.
   Wie sah es bei der Familie Rave in den drei Jahren im April aus? Hat sie Geld zurückbekommen oder musste sie Geld nachzahlen? Wie viel?

2. Familie Rave will den Stromverbrauch einschränken, da für das 4. Jahr wieder eine kräftige Erhöhung des Strompreises angekündigt ist. Sie überlegt, wie viel Geld sie sparen kann, wenn sie ihre Glühlampen durch Energiesparlampen ersetzen.

bis zu	
1000 Stunden	8000 Stunden
40 W =	9 W
60 W =	11 W
75 W =	15 W

   a) Frau Rave rechnet aus, wie viel Geld in einem Jahr gespart werden kann, wenn jeweils eine dieser drei Glühlampen ausgewechselt werden. Sie nimmt zunächst an, dass eine Glühlampe im Durchschnitt 1 Stunde täglich brennt. Frau Rave rundet beim Rechnen ihre Zahlen ab.
   Zu welchen Ergebnissen kommt sie?
   Ist eine einstündige Brenndauer täglich realistisch? Was würdest du annehmen?
   Zu welchem Ergebnis kommst du jetzt? Begründe.
   b) Die Familie hat 3 Lampen mit einer 75-Watt-Birne, diese leuchten nur selten, so etwa zwei Stunden täglich. Die fünf 60-Watt-Birnen werden etwa 3 Stunden täglich und die sieben 40-Watt-Birnen etwa 4 Stunden täglich gebraucht.
   Alle anderen Lampen sind bereits mit Sparleuchten ausgestattet.
   Mit welcher Ersparnis kann die Familie Rave rechnen?

G. Christensen/H.-W. König: Kompetenzorientierte Sachaufgaben aus dem Alltag
© Persen Verlag

PS 3. Viele Geräte im Haushalt verbrauchen Strom, obwohl sie ausgeschaltet sind (Standby). So verbrauchen z. B. im Schnitt: Fernseher (10 Watt), DVD Recorder (16 Watt), Videorecorder (18 Watt) und eine HiFi Anlage (21 Watt).

Wie viel Geld könnte im Haushalt weiter eingespart werden, wenn die Geräte vollständig vom Stromnetz getrennt wären?

Wie sieht es bei dir zu Hause aus? Denke daran, wie lange diese Geräte wirklich am Tag gebraucht werden und wie lange sie unnötig mit Strom versorgt werden. Stelle deine Überlegungen vor. Erkläre und begründe deine Vorgehensweise.

In einer Tageszeitung erscheint folgender Artikel:

Die Wohnnebenkosten werden gelegentlich von Mietern unterschätzt. Sie sollten jedoch nicht jammern, denn richtig hohe Nebenkosten hat die Stadt: 10,4 Millionen Euro müssen Jahr für Jahr für Heizung, Strom, Wasser und Gebäudereinigung ausgegeben werden.

Die Millionen verteilen sich auf 59 Gebäude mit zusammen 250 000 Quadratmetern Fläche, im Wesentlichen für die 26 Schulen und die 12 Kindertagesstätten.

Auf Energie entfallen 2,4 Millionen Euro, die wiederum zu zwei Drittel auf Wärme und ein Viertel auf Strom entfallen, der andere Teil muss für Wasser bezahlt werden.

Der Rest wird für die Gebäudereinigung ausgegeben.

PS Welche Informationen könntest du aus dieser Zeitungsmeldung entnehmen, wenn es sich z. B. handelt um

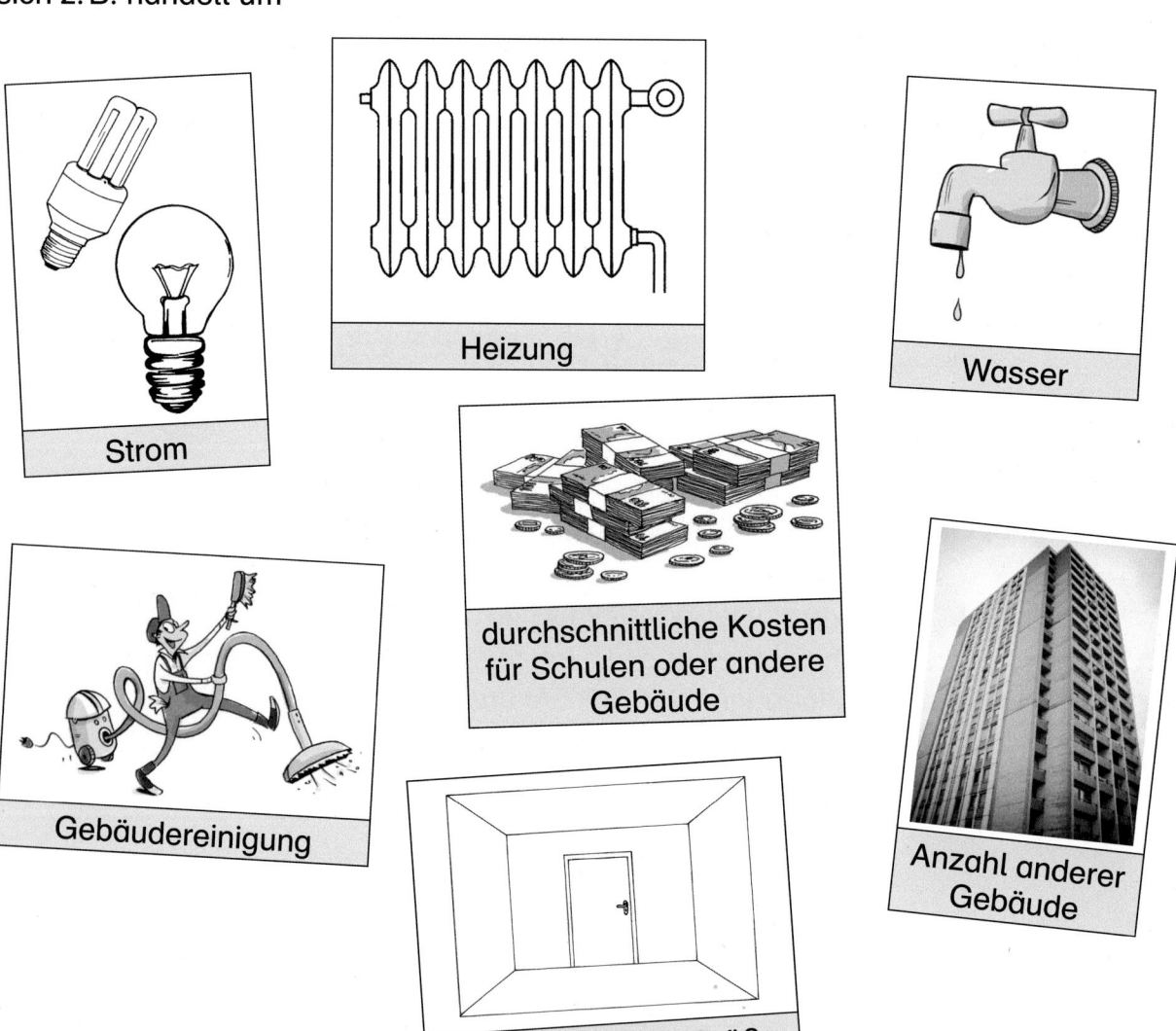

Strom

Heizung

Wasser

Gebäudereinigung

durchschnittliche Kosten für Schulen oder andere Gebäude

durchschnittliche Größe der Flächen

Anzahl anderer Gebäude

Stelle deine Überlegungen und Berechnungen vor, erkläre und begründe sie.

G. Christensen/H.-W. König: Kompetenzorientierte Sachaufgaben aus dem Alltag
© Persen Verlag

50 Bessere Stadt-Bedingungen

Vergleich Einwohnerzahlen zweier Städte mit zugeordneten Einrichtungen (Kinos, Schwimmbad, Turnhallen, Schulklassen usw.)

Die Bürgermeisterin von Neustadt und der Bürgermeister von Altstädt werben um ihre Stadt. Sie wollen, dass möglichst viele Menschen in ihrer Stadt wohnen. So preisen sie unentwegt die Vorzüge ihrer eigenen Stadt. Hier sind einige Daten, mit denen die Städte glauben, besser dazustehen als die Nachbarstadt. Sie denken dabei hauptsächlich an die einzelnen Bevölkerungsgruppen.

Altstädt	
Einwohner	29 700
Schulen	14
Schüler/-innen	4000
Klassen	160 Klassen
Lehrkräfte	320
Kindergärten	10 (600 Plätze)
Kindertagesstätten	8 (380 Plätze)
Seniorenheime/betreutes Wohnen	18 mit 700 Plätzen

Neustadt	
Einwohner	23 900
Schulen	12
Schüler/-innen	3400
Klassen	150 Klassen
Lehrkräfte	230
Kindergärten	8 (450 Plätze)
Tagesstätten	4 (150 Plätze)
Seniorenheime/betreutes Wohnen	12 mit 400 Plätzen

PS 1. Welche Stadt hat für die einzelnen Altersgruppen das bessere Angebot? Überlege dir, wie du die Angebote der Stadt miteinander vergleichen kannst. Reichen die Angebote der Städte aus, um seinen Wohnort dorthin zu verlegen? Was müsste deiner Meinung nach eine Stadt noch für seine Bewohner zu bieten haben.
Versuche, das an einem Beispiel aufzuzeigen. So könntest du dir z. B. überlegen, wie viele Kinoplätze, Sportplätze usw. eine Stadt braucht.
Stelle deine Ergebnisse vor und begründe sie.

EA 2. Die Anteile der Altersgruppen sind in beiden Städten gleich.
a) Wie viele Personen gehören ungefähr zu den einzelnen Altersgruppen in Altstädt. Unterscheide dabei auch zwischen Schülern und Kindern bis 6 Jahre.
b) Wie sehen die vergleichbaren Zahlen in Neustadt aus?
Rechne mit abgerundeten

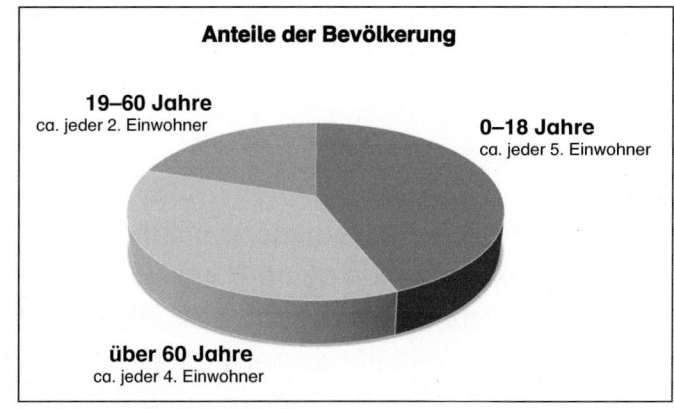

Zahlen. Stelle deine Überlegungen vor, erkläre und begründe deine Vorgehensweise. Vergleiche deine Ergebnisse mit anderen und sprecht über mögliche Unterschiede.

51 Bevölkerung auf dem Kopf

PS Im Jahre 2050 wird die Bevölkerung der Bundesrepublik Deutschland auf den Kopf gestellt sein – so sagt es eine Statistik. Was kann damit gemeint sein?
Eine solche Statistik nennt man Alterspyramide. Sehen die Grafiken wirklich wie eine Pyramide aus? Was meinst du dazu?

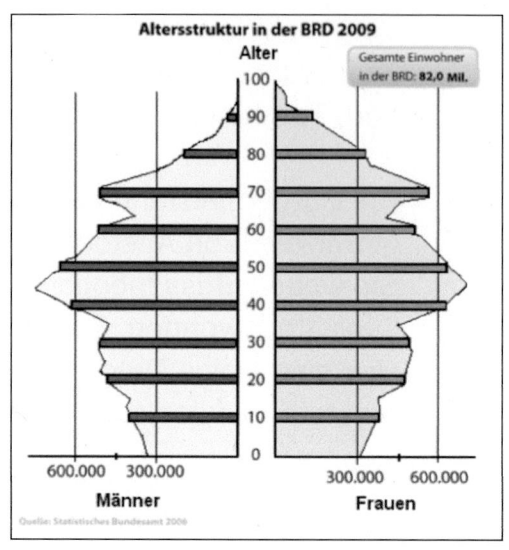

Wie viele Kinder in Deutschland waren im Jahr 2009 genauso alt wie du? Wie viele werden es im Jahr 2030 sein?	
2009	2030

Wie viele Menschen in Deutschland waren im Jahr 2009 etwa so alt wie deine Eltern? Wie viele werden es im Jahr 2030 sein?	
2009	2030

EA

Wie viele Menschen in Deutschland waren im Jahr 2009 etwa so alt wie deine Großeltern? Wie viele werden es im Jahr 2030 sein?	
2009	2030

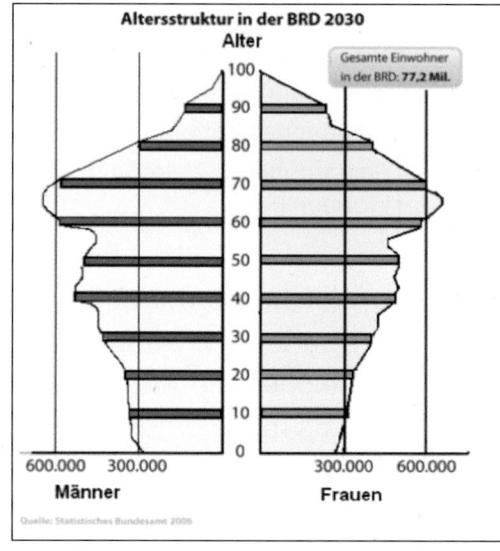

Welche Altersgruppe ist 2009 am größten? Welche wird es im Jahr 2030 sein?	
2009	2030

Wie viele hundertjährige Menschen gibt es nach der Statistik in Deutschland in den Jahren ...		
1910	2009	2030

Stelle eigene Vergleiche mit diesen Statistiken an. Denke dabei an deine Familie.
Versuche, die Aussage „Bevölkerung auf den Kopf gestellt" mithilfe deiner Zahlen zu erklären.
Was könnten die Zahlen für dich persönlich bedeuten?
Trage deine Überlegungen vor und erläutere sie mithilfe der Statistik und deiner Zahlenvergleiche.

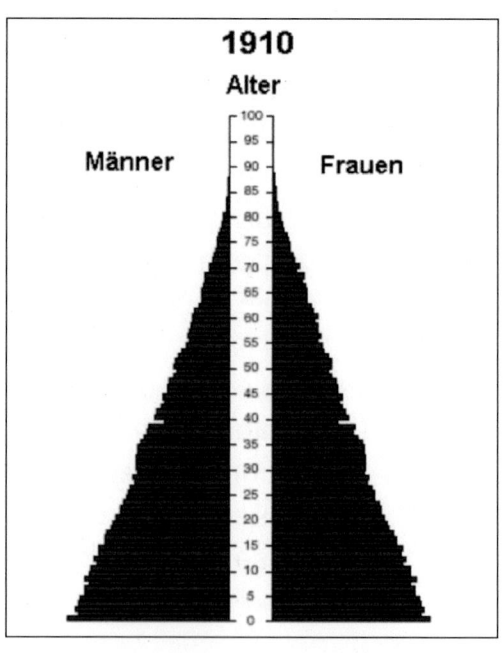

G. Christensen/H.-W. König: Kompetenzorientierte Sachaufgaben aus dem Alltag
© Persen Verlag

52 Familien im Wandel

SAR Paula hat noch zwei Geschwister. Mit ihren Eltern bilden fünf Personen den Haushalt der Familie Fender. Bei Lukas ist das anders. Er ist Einzelkind, und in seiner Familie bilden 3 Personen einen Haushalt. Katrin wiederum lebt allein mit ihrer Mutter. Sie bilden somit einen 2-Personen-Haushalt.

In Deutschland gibt es etwa 40 Millionen Haushalte. Die Statistik zeigt, wie viele Personen heute jeweils in einem Haushalt zusammenleben. Die Zahlen beziehen sich immer auf 100 Haushalte.

| **4** | **10** | **13** | **34** | **39** |

5 Personen und mehr

1. Diese Statistik sagt, dass von 100 Haushalten in Deutschland 10 Haushalte von 4 Personen bewohnt werden. Findest du die anderen Zahlen heraus? Begründe.

Haushalt	5 und mehr P.	4 P.	3 P.	2 P.	1 P.
Anzahl von 100		10			
Anzahl Personen		40 P.			

2. In Deutschland wohnen ungefähr 80 Millionen Menschen. Wie sind die Zahlen bei 40 Millionen Haushalten? Begründe.

Haushalt	5 und mehr P.	4 P.	3 P.	2 P.	1 P.
Anzahl von 40 Mio.					
Anzahl Personen					

3. Um 1900 sah es mit den Familien und Haushalten in Deutschland noch ganz anders aus. Wieder beziehen sich die Zahlen auf 100 Haushalte. Vergleiche.

| **44** | **17** | **17** | **15** | **7** |

5 Personen und mehr

Was lässt sich aus diesen Zahlen herauslesen? Was sagt das z. B. über die Anzahl der Haushalte in Deutschland, die Art der Wohnungen, die Zahl der Kinder, die Zahl der Schulen usw.?
Stelle Veränderungen dar, erkläre sie und begründe sie mit den Zahlen, die du aus der Statistik herausgelesen hast.

Lösungen

1. Apfelsinentransporte Seite 21

1. *Annahme:* 10 000 Personen jeweils 2 Apfelsinen täglich (20 000 Apfelsinen) ≙ über 14 Tage 280 000 Apfelsinen ≙ 70 000 kg ≙ 7 Lastwagenladungen) – *insgesamt eigene Darstellungen besprechen und vergleichen.* Problem diskutieren: 1 LkW-Ladung = 1 000 kg (1 t), somit 70 Lkw-Ladungen bei 70 000 kg.

2. a) Karton (10 kg) – Palette (100 kg) – Container (1 000 kg) – Zug (100 000kg) – Schiff (1 000 000 kg)
   b) 45 000 kg
   c) 750 kg

3. a) 250 g ist das Durchschnittsgewicht einer Apfelsine.
   b)

Karton	Palette	Container	Lastwagen	Zug	Schiff
40 Apfelsinen	400 Apfelsinen	4 000 Apfelsinen	40 000 Apfelsinen	400 000 Apfelsinen	4 000 000 Apfelsinen
10 kg	100 kg	1 000 kg	10 000 kg	100 000 kg	1 000 000 kg

2. Reise-Schnäppchen Seite 22

1. a) Die Reise wird um 67,00 € teurer – bei 4 Personen 268,00 €;
   Endpreis 1 460 € für 4 Personen bzw. „all inklusive" 1 976 € für 4 Personen
   b) 68 · 298,00 € = 20 264 € Gesamtsumme ohne Gebühren – 24 820 € mit Gebühren

2. *z. B. Buchungsgebühr – Heizung – Strom – Wasser – Steuern o. Ä.*
   (3 · 350,00 € = 1050 €, 1 050 € + 169 € = 1 219 €)

3. Müllberge Seite 23

1. a)

15 Mio	6 Mio	3 Mio	9 Mio	2 Mio	4 Mio
Restmüll	Papier	Kunststoffe	Biotonne	Glas	Anderes

   b) 39 Mio t
   c) 39 Mio t Müll bei 80 Mio Menschen = ca. 488 kg/Person im Jahr

2. a)

Dänemark	England	Irland	Niederlande	Österreich	Spanien	USA
801 kg	572 kg	798 kg	630 kg	597 kg	588 kg	715 kg

   b) 1. Deutschland/488 kg, 2. England/572 kg, 3. Spanien/588 kg, 4. Österreich/597 kg, 5. Niederlande/630 kg, 6. USA/715 kg, 7. Irland/798 kg, 8. Dänemark/801 kg

4. Lauftalente Seite 24

1.

Strecke	Jungen	Mädchen
1 000 m	2:36	–
1 500 m	3:50	5:25
3 000 m	9:00	11:09
5 000 m	16:01	21:03
10 000 m	34:20	39:56
Halbmarathon	1:20:34	1:34:45

2 a) 42 200 m + 10 000 m + 20 000 m = 72 200 m; Mo. und Di./42,2 km, Mi./5 km, Do./10 km, Fr./5 km, Sa./10 km, So –
   b) 6 000 m + 6 000 m + 10 000 m = 22 000 m
   c) *individuelle Lösungen* (z. B.: 20 × 400 m – 4 × 1500 m – 4 × 3000 m

   Möglicher Trainigsplan:

	Mo	Di	Mi	Do
	5 · 400 m	5 · 400 m	5 · 400 m	5 · 400 m
	1· 5000 m	1 · 5000 m	1 · 5000 m	2 · 1000 m

G. Christensen/H.-W. König: Kompetenzorientierte Sachaufgaben aus dem Alltag
© Persen Verlag

Lösungen

5. Kanu-Rennen Seite 25

1. Mannschaft A: 12:09 Min.
   Mannschaft B: 12:11 Min.
   Mannschaft C: 12:20 Min.

2. Mannschaft A: 12:10 Min.
   Mannschaft B: 12:26 Min.
   Mannschaft C: 12:13 Min.

3. *Individuelle Begründungen*: Schnellster Fahrer ist der 3. Fahrer der Mannschaft C.
   Platzierungen/mögliche Rangfolgen: A: 1, 1, 3, Gesamtzeit: 36:43; B: 2, 3,1 (36:56);C: 3, 2,1 (36:51)

6. Kontobewegungen Seite 26

1. Neuer Kontostand: 1225,49 €

2.

Datum	Verwendung	Alter Kontostand EUR 457,43
Montag	Supermarkt	54,37 –
Dienstag	Tankstelle	48,49 –
	Gebühr	1,00 –
Mittwoch	Modehaus	79,90 –
Freitag	Baumarkt	177,05 –
	Gebühr	1,77 –
	Schuhe	49,99 –
Samstag	Lebensmittel	27,51 –
		Neuer Kontostand EUR 17,35

7. Was darf ein Ranzen wiegen? Seite 27

1. 9 765 g
2. ca. 1,5 kg zusätzlich (½ Liter – ½ kg; 1 Apfel ca. 100 g)
3. Nils müsste ca. 3 kg hinzufügen. Es muss sich um mehrere Dinge handeln, die nicht unbedingt zum aktuellen Unterricht gehören.
4. *individuelle Lösungen* (z. B. 509 + 303 + 191 + 497 = 1500)

8. Seltsamer Durchschnitt Seite 29

1. (12 + 4 + 17 = 33) – Durchschnitt 11 Stunden Schlaf
2. (4 + 28 + 16 = 48) – Durchschnitt 16 kg
3. (49 + 44 + 51 = 144) – Durchschnitt 48 Sprünge
4. (585 + 555 + 510 = 1650) – Durchschnitt 550 Blüten
5. 1. Maus: 27 × 6 = 162/+ 31 = 193 – 2. Maus: 30 × 6 = 180/+ 15 = 195 – 3. Maus: 17 × 5 = 85/ + 14 × 2/28, insgesamt 113 – gesamte Körner: 501 – Durchschnitt 167 Körner

9. Es geht um die Wurst Seite 30

1. Standmiete, Brötchen, Senf, Ketchup, Servietten, Personalkosten, Heizkosten (Grillkohle o. Ä.) – *individuelle Vorstellungen als Hinweis für Lernausgangslage (Realitätsbezug)*
2. a) 395 Bratwürste (62 + 140 + 79 + 96 +18)
   b) 96 Bratwürste (500 – 395 – 9)
   c) Einnahme: 829,50 € – Herstellungskosten: 0,35 × 404 = 141,40 € – Gewinn: 688,10 €

Lösungen

3. *Individuelle Lösungen* (s. o.) – Verkaufspreis im Geschäft abhängig von Einzelverkauf oder Paket-verkauf

10. Inhaltsangaben Seite 31

① (ja) – ② (ja) – ③ (nein – 50) – ④ (ja) – ⑤ (ja) – ⑥ (ja) – ⑦ (nein – ca. 3) – ⑧ (nein – ¼) – ⑨ (nein)

11. Alles um die Schokolade Seite 32

1. a) 680 Millionen kg Schokolade (680 000 t)
   b) 6 Milliarden und 800 Millionen Tafeln Schokolade
   c) 17 000 LKW
   d) 306 km Lastwagenkette

2. a) Emma: 48 Wochen lang 200 g (9 600 g), Dezember (2 000 g) – Gesamt: 11 600 g
   b) Niklas: 5 Wochen lang 100 g täglich (3 500 g), 47 Wochen 150 g (7 050 g) – Gesamt: 10 550 g
      (Ergebnis variiert, wenn der Dezember mit 31 Tagen gerechnet wird – Gesamtmenge dann:
      113 Tafeln bzw. 11 300 g Schokolade)
   c) Samantha: 3 Wochen (Ostern) lang täglich 100 g (2 100 g) – 1 Woche (Pfingsten) 700 g –
      Dezember (31 Tage 3 100 g oder 4 Wochen 2 800 g) – in den anderen 9 Monaten insgesamt
      900 g. Gesamtmenge im Jahr: 9 600 g bzw. 9 900 g)
   d) Julius: 52-mal 100 g (5 200 g) – an fünf Tagen 100 g mehr (500 g) – Gesamt: 5 700 g
   e) ca. 8 500 g (liegen genau im Bereich des Durchschnittsbürgers)

3. Gefüllt (ca. 2 830 g) – ungefüllt (1 700 g) – Ostereier, Nikoläuse, Pralinen jeweils (850 g) –
   Zuckerwaren (700 g) – Rest (720 g)

12. Pizzeria Il Mondo Rotondo Seite 33

1. b) Gesamt: 2 178 Pizzas verkauft – Tagesdurchschnitt: ca. 363
   c) Durchschnittspreis einer Pizza: 9,00 € – 3 267,00 € Tagesdurchschnitt
2. Fleisch: 1 200 Pizzas – Gemüse: 363 Pizzas – Meeresfrüchte: 615 Pizzas
3. Fleisch: 11,00 € – Gemüse: 6,50 € – Meeresfrüchte: 9,50 € (Preise ergeben sich aus 1b)

13. Fahrrad-Ferien Seite 34

1. a) Gesamtstrecke: 187 km
   b) Es fehlen 13 km, die auf die beiden Tage verteilt werden müssen.

2.

	A	B	C	D	E	F	G
A		1200	6300	3600	4150	3850	3050
B			5100	2400	3950	2650	1850
C				2700	4250	7750	6950
D					1550	5050	4250
E						3750	2950
F							800

3. a) z. B.: A – D – E – F – G – B – C – D – E – G – B – A (28 550 m = 28,750 km)
   b) z. B.: A – B – C – D – E – F – G – E – D – A   (25 050 m = 25,05 km)
   c)

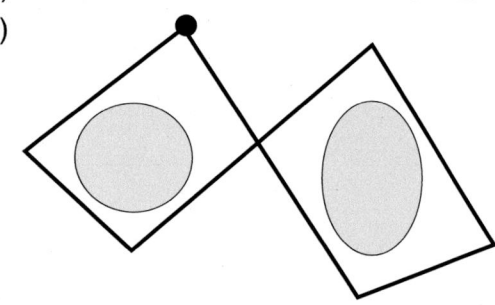

G. Christensen/H.-W. König: Kompetenzorientierte Sachaufgaben aus dem Alltag
© Persen Verlag

Lösungen

14. Niederschläge Seite 35

1. Insgesamt müssen 600 mm Niederschlag auf das Jahr verteilt werden. Da nicht immer genaue Angaben gemacht wurden, können verschiedene Werte aufgeführt werden. Z. B.:
   Jan (25) – Feb (44) – März (50) – Apr (50) – Mai (66) – Jun (79) – Jul (5) – Aug (39) – Sept (42) – Okt (100) – Nov (50) – Dez (50)
   Der Wert für September erklärt sich aus den Angaben für die anderen 11 Monate.

2. a) Réunion: 76 mm/h (mehr als der Monatsniederschlag von 10 Monaten in D) – Indien 1: 310 mm/ Tag (etwa die Hälfte des Jahresniederschlages in D) – Indien 2: 2205 mm/Monat bzw. 73 mm/ Tag (Vergleich mit Monatsleistungen in D)

   b) 6 mm/Min. in China oder 2280 mm/h in Guadeloupe bzw. viele andere Vergleiche (*Es bietet sich an, die Sinnhaftigkeit von Vergleichen zu diskutieren bzw. einzuschätzen.*)

3. Wetterdaten von Bangkok: keine Jahreszeiten – Trockenzeit – Regenzeit – südliches Land – Tropen – nur warme Temperaturen – Urlaubsland – günstige (ungünstige) Reisemonate – Hinweis auf Vegetation (Bäume, Früchte usw.)

15. Benzinpreise Seite 37

1. a) 12,5 km (Tabelle über Halbierung der Literzahlen, 12,5 kann auf 13 aufgerundet werden)
   b) ca. 560 km
   c) ca. 850 km (ca. 67–68 Liter Benzin)
   d) nach 560 km getankt, verbleiben 290 km (aufgerundet 300 km), 24 Liter Benzin, insgesamt 69 Liter Benzin

2. a) 1 Liter zu 1,30 € (39 €) (aufgerundet 30 l)
   b) nach ca. 560 km, 3 Tage (450 km) später ist er wieder am Arbeitsort, fährt 75 km nach Hause, er tankt also am Freitag auf dem Weg zur Arbeit (45 Liter zu 139,9 = ca. 63,00 €)
   c) er fährt am Freitag und am Wochenende etwa noch 200 km (16 Liter × 1,40 = ca. 22,50 €), insgesamt ca. 120 €
   d) 1. Woche (1,37 €), 2. Woche (1,41 €)
   e) bei rund 70 Litern Verbrauch, Mehrkosten von 2,80 €
   f) bei gleicher Steigerung 16 ct mehr, ein Literpreis zwischen 1,50 € und 1,59 €
   g) *individuelle Antworten*

16. Wir fahren auf der Autobahn Seite 38

1. a) Flensburg – Bremen oder in die Nähe
   b) 290 km
   c) Abfahrt: 08:15 Uhr – Fahrzeit – 90 Min. + 45 Min. + 12 Min. + 90 Min. + 20 Min. (Pause) = 257 Min. (4 Std. 17 Min.) – Ankunft: ca. 12:30 Uhr (12:32 Uhr)

2. a) Flensburg – Uelzen oder in die Nähe
   b) 260 km
   c) Abfahrt: 08:15 Uhr – Fahrzeit – 90 Min. + 45 Min. + 12 Min. + 20 Min. + 85 Min. (Stadtgang) + 45 Min. = 297 Min. (4 Std. 57 Min.) – Ankunft: ca. 13:15 Uhr (13:17 Uhr)

3. a) 290 km in 257 Minuten (ca. 300 km in 4 Std.) – ca. 75 km/h
   b) 260 km in 297 Minuten (260 km in 5 Stunden) – ca. 52 km/h (ca. 25 km in einer halben Stunde)
   c) Familie Basler mit kürzerer Strecke, aber längerer Pause und langsamerer Durchschnittsgeschwindigkeit.
   Ab- bzw. aufgerundete Zahlen entsprechen mehr der Wirklichkeit.

Lösungen

17. Softdrinks und andere Flüssigkeiten Seite 39

1. *Selbständiges Ermitteln der Durchmesser von Tassen, Tetrapack und Flaschen, daher unterschiedliche Ergebnisse.*
   Beispiele: Milchtüte (7 cm) – 20 Mio. Tüten täglich (140 km) – Tasse: (8 cm) – ca. 1 Tasse täglich/
   Person – 80 Mio. Tassen täglich – 6 400 km

2. a) Bei 24 Kindern (6 Liter Milch)
   b) pro Elternteil 0,41 × 30 (12,3 l)
   c) 1,9 l

3. a) 125 Tassen
   b) pro Tasse ca. 150 ml / 18 750 ml (teilen durch 400 (bzw. 410) – 47 Tage/Elternteil
   c) 80 Mio. Leute trinken jeweils 0,4 Liter (32 Mio. Liter); 1 Tasse – 150 ml – 5 g Kaffee;
      1 l Kaffee ca. 7 Tassen – 35 g Kaffeepulver – insgesamt ca. 1 120 000 kg

18. Stunden auf der Autobahn Seite 40

1. *Individuelle Lösungen*: Richtwerte 80 km/h Durchschnittsgeschwindigkeit (450 km – ca. 5 ½ Std.) –
   30 km Tempo 20 (1 ½ Std.) – ½ Stunde Pause – 1 Std. vor Abfahrt bei der Fähre: Gesamtfahrzeit:
   ca. 8 ½ Std – Abfahrt: ca. 5:00 Uhr

2. a) z.B. 11 km – 8 km – 7 km – 6 km – 3 km (35 km)
   b) Gesamt: 460 km – 425 km mit Tempo 70 (ca. 6 Std.) – Baustellen ca. 1 Std. – ¾ Std. Pause
      (Gesamtfahrzeit: ca. knapp 8 Stunden)

3. *Individuelle Lösungen: (Beispiel)*
   12 km bei 35 km/h entspricht ca. 12 km bei 36 km/h = 20 Minuten
   19 km bei 55 km/h entspricht ca. 19 km bei 57 km/h = 20 Minuten
   460 km = 6 Stunden
   3 Pausen = 2 Stunden
   Ingesamt eine Fahrtzeit von ca. 8 Stunden und 40 Minuten
   Herr Bauer muss um 7:20 Uhr losfahren.

19. Fußballfieber Seite 41

1. a) Gesamtplätze: 212 614 – besetzte Plätze: 197 114 – nicht besetzte Plätze: 15 500 in München
   b) 53 500 Zuschauer
   c) Schalke – Augsburg (39 940) und Bayern – Bremen (11 146)

2.

Verein	Dortmund	Hamburg	Bochum	Leverkusen	Wolfsburg
Plätze im Stadion	80 552	57 000	31 328	30 210	30 000
Durchschnitt der verkauften Karten	74 851	54 774	25 515	26 044	27 408
mögliche Einnahmen in €	1 611 040	1 140 000	626 560	604 200	60 000
wirkliche Einnahmen in €	1 497 020	1 095 480	510 300	520 880	548 160
Verlust in €	114 020	44 520	116 260	83 320	51 840
Hamburg hat die beste Auslastung (96 %) – Bochum die schlechteste (81%)					

3. Spitzenspiel: wahrscheinlich ausverkauft (zusätzlich 116 000 € – 10 000 Stehplätze werden nicht
   erhöht – 47 000 Zuschauer müssten die ca. 400 000 € aufbringen (Aufschlag im Schnitt 8,50 €)

20. Ladungsverluste Seite 42

1. a) Mögliche Annahme: 200 g (Min.: 12 kg/Min. – in 20 Min.: 240 kg (fast 5 Zentner)
   b)

1 Min.	30 Min.	1 Std	2 Std.	3 Std.	2 ½ Std
12 kg	360 kg	720 kg	1 440 kg	2 160 kg	1 800 kg

2. a) 16 t Kies – Verlust: 450 kg/ 30 Min. – insgesamt 900 kg (fast 1 t)
   b) 17,50 € × 16 = 280,00 €

G. Christensen/H.-W. König: Kompetenzorientierte Sachaufgaben aus dem Alltag
© Persen Verlag

Lösungen

c) Transport: 17,50 × 4 = 70,00 € (2 Transporte: 140,00 €) – Gesamtpreis: 420,00 €

d) ca. 16 € (genau: 17,50 € – 1,75 € = 15,75 €)

3. a) Verlust in 20 Min. ca. 240 kg – fast 1 ½ Stunden (80 bis 85 Min. – genau: 83 Min.)

b) Verlust nach 68 Min. (83–15): ca. 800 kg

21. Besucherandrang   Seite 43

1. a) Nr. 13 934

b) 3 Gäste/Minute

c) von 10:35 bis 11:15 (40 Minuten – 120 Gäste) – von 11:15 – 13:00 Uhr (105 Minuten –
210 Gäste) – 105 + 120 + 210) – 435 Gäste – Nr. 13 934 (435 Karten) – aktuelle Eintrittskarte
um 13:00 Uhr: Nr. 14 369

2. a) 540 Karten

b) 3 Karten/Minute – der Durchschnitt wurde gehalten

c) 297 Badegäste

3. 540 Karten

Hier die durchschnittliche Verteilung – die Gesamtzahl der Abgänge muss nur ungleichmäßig verteilt werden.

16:00 Uhr (301) – 17:00 Uhr (256) – 18:00 Uhr (211) – 19:00 Uhr (260) – 20:00 Uhr (215) –
21:00 Uhr (170) – 22:00 Uhr (125) – 23:00 Uhr (80)

22. RadioPOP   Seite 44

2. 2 930 von 6 000 befragten Personen hören den Sender – 3 070 hören den Sender nicht

3.

Aussage	12–14	14–16	16–18	18–20	20–22	22–24
Ca. jeder Dritte hört den Sender.					x	
Etwa die Hälfte hört den Sender nicht.	x			x		
Etwa zwei von drei hören diesen Sender.			x			
Nur ein Viertel mag diesen Sender nicht.		x				
Ca. jeder Fünfte hört regelmäßig den Sender.						x

4.

Alter	12–14	14–16	16–18	18–20	20–22	22–24
Anzahl (ca.)	1272	1920	1590	1197	875	470

23. Andere Länder – andere Werte   Seite 45

1.

€	10	15	5,00	7,50	30,00	25,00	37,00	98,00
$	14,00	21,00	7,00	10,50	42,00	35,00	ca. 52,00	ca. 140,00

2.

Jeans	Pullover	Shirt	Jacke	Schuhe	Jogging Anzug
ca. 36,00 €	ca. 14,00 €	ca. 7,00 €	ca. 68,00 €	ca. 39,00 €	ca. 42,00 €

3.

	Atlanta	Los Angeles	Miami	New York
Atlanta	–	3 557 km	1 096 km	1 400 km
Los Angeles	3 557 km	–	4 428 km	4 544 km
Miami	1 096 km	4 428 km	–	2 060 km
New York	1 400 km	4 544 km	2 060 km	–

Lösungen

24. Menschenkette

1. 1 000 Kilometer – 1 000 000 Meter: *mögliche Annahmen*: 3 Erwachsene + 3 Kinder auf 10 m Länge (jeweils 300 000 Erwachsene und Kinder)
2. a) 402 Schüler sind anwesend, davon gelten 36 als Erwachsene; 22 Lehrer sind anwesend (insgesamt 366 Schüler – 58 Schüler gelten als Erwachsene)
   b) Kette: 366 m + 116 m = 482
   c) Umfang des Platzes (240 m) ist um 242 m zu kurz.
3. a) 366 Schüler: 320 Schüler (4 Reihen + 46 Kinder); 58 Erwachsene (1 Reihe + 18 Erwachsene) – 46 m (Kinder) + 36 Erwachsene = 82 m; es können 6 Reihen gebildet werden, 2 Kinder bzw. 1 Erwachsener bildet die 7. Reihe
   b) 366 Schüler: 9 Reihen (6 Schüler bleiben übrig) – 58 Erwachsene: 1 Reihe (18 Lehrkräfte bleiben übrig) – 6 m (Schüler) + 36 m (Lehrkräfte) = 42 m – 11 Reihen + 2 Schüler bzw. 1 Erwachsener

25. Sonderangebote – wirklich super?

Es geht darum, Sonderangebote kritisch zu betrachten. Das T-Shirt-Angebot könnte z. B. suggerieren, dass ein T-Shirt für den halben Preis (6,00 €) zu bekommen ist. Tatsächlich bezahlt man für jedes T-Shirt 9,00 € (2 T-Shirts – 17,99 €).
Bei anderen Angeboten muss man eine gewisse (hohe) Summe ausgeben, um überhaupt in den Genuss eines Rabatts zu kommen (Gutkauf – Fernseher, Wertpunkte).

26. Schulwege

1.

	Felix	Greta	Johan	Lea	Noah	Philip
Felix		7 km	6,9 km	4,5 km	4,3 km	8,4 km
Greta			9,1 km	5,3 km	11,3 km	3,5 km
Johan				6,6 km	6,4 km	6,3 km
Lea					8,8 km	7,35 km
Noah						12,7 km
Philip						

2.

		Felix	Greta	Johan	Lea	Noah	Philip
a)	Schulweg	4,15 km	5,6 km	3,5 km	3,1 km	8,45 km	4,25 km
b)	Jahreskilometer ca. 40 Schulwochen	1 660 km	2 240 km	1 400 km	1 240 km	3 380 km	1 700 km
c)	Stunden (ca.)	47 Std.	64 Std.	40 Std.	35 Std.	97 Std.	49 Std.

27. Das perfekte Essen

1. Flüssigkeiten auf einen kleineren Bezug bringen (z. B. 1 Liter oder 100 ml beim Teelöffel) – mögliche Lösungen: Bier (250 Gläser) – Erbsensuppe (600 Kellen) – 1 Glas/200 ml (40-mal) – Wasser (etwa 4 Tassen/Liter – ca. 1 000-mal)
2. a) 250 ml (Sahne) + 750 ml (Brühe) + 45 ml (Öl) + 30 ml (Zitrone) = 1075 ml (Die Mengen für Öl und Zitrone könnten bei den weiteren Berechnungen vernachlässigt werden.)
   b) 12 Personen jeweils 1 Teller Suppe (2 Suppenkellen – 400 ml), Gesamtmenge: 4,8 Liter + 1,2 Liter Reserve (6 Liter Suppe sollten gekocht werden) – Das Grundrezept gilt für etwa 1 Liter Suppe, die Zutaten demnach in sechsfacher Menge)
   c) Suppe für 12 Personen: Sahne 250 ml/1 500 ml – Brühe 750 ml/4 500 ml – Öl 45 ml/270 ml – Zitronensaft 30 ml/180 ml
   Gesamtmenge der Flüssigkeiten: 6 450 ml – 6,5 Liter

G. Christensen/H.-W. König: Kompetenzorientierte Sachaufgaben aus dem Alltag
© Persen Verlag

Lösungen

3. a) Es sollte von den höheren Angaben ausgegangen werden: 9 Gläser Weißwein, 12 Gläser Rotwein, 37 Gläser Wasser; eine Weinflasche ergibt etwa 4 Gläser (2–3 Flaschen Weißwein, 3 Flaschen Rotwein), 34 Gläser Wasser ergeben mindestens 7 Flaschen Mineralwasser.
   b) Sie würden gar nichts sparen.

28. Fortbewegungen Seite 50

1. Nach 6 Minuten (Nele hat 600 m, Emilia hat 400 m zurückgelegt)
2. a) 600 m (2,8 km – (1,5 + 0,7)
   b) 1,1 km
   c) 30 Min.
3. a) Felix (400 m), Sarah (200 m)
   b) Felix hat noch 1,3 km, Sarah noch 900 m zu fahren
   c) Felix wird ca. 1 Minute früher zu Hause sein.
4. a) 30 km – jedes Flugzeug fliegt 15 km/Min.
   b) gesamt 4 275 km – Malik (2 935 km), Nils (1 350 km)

29. Gallonen, Pounds und andere Werte Seite 51

1. USA: Gallone (4 Liter) kostet $ 2,80 – 1 Liter kostet 0,70 $ (0,50 €)
   D: 1 Liter kostet € 1,35 (etwa $ 1,40 + 1/3 von 1,40, ca. $ 1,90)
   $ 1,90/Liter würde für die Gallone einen Preis von ca. $ 7,50 bedeuten.
2. 1 000 g – € 22,–   450 g – $ 19,00 (1 kg dann etwa $ 40,00 – das sind ca. € 28,00)
3. Serving (1 Tasse) sind 227 g/200 Kalorien – 100 g haben dann knapp 100 Kalorien (genau: 88 Kalorien)

30. Buskalkulation Seite 52

1. a) z. B. Buskosten (Verbrauch, Abnutzung, Rücklagen) – Personalkosten (Fahrer, Büro, Wartung, Werbung)
   b) Berücksichtigung der Aspekte von Punkt a) – Gesamtvorschlag nach Entfernung vom Schulort – Umlage auf die Teilnehmer – begründeter Vorschlag für Reisepreis
2. • 10 000 km: ca. 4 500 € (3 000 Liter Diesel/Benzin zum Preis von 1,50€/ Liter)
   • Hotelkosten: ca. 56 000 € (50 Personen zu 80,00 €/Tag (4 000 €), bei 14 Übernachtungen (56 000 €))
   • Gesamtausgaben: ca. 66 000 € (65 500 €) – Einnahmen: 86 160 € – Gewinn: ca. 20 000 € Kosten für Bus (Rücklagen, Wartung), Busfahrer, Bürokosten, Werbung usw. – Möglichkeit, dass der Bus nicht ausgelastet ist o. Ä.

31. Flügelschläge und mehr Seite 53

1. Für die 300 km würde die Heuschrecke fast 19 Stunden unterwegs sein – die Geschwindigkeit der afrikanischen Heuschrecke muss höher sein – die Heuschrecke müsste ca. 1,4 Millionen Flügelschläge machen – Flügelschlagfrequenz und Geschwindigkeit sind unabhängig voneinander.
2. Da Bienen ein längeres und umfangreicheres Tagespensum zu erfüllen haben (Versorgung des Volkes), die Mücke nur nachtaktiv ist, wird die Biene wesentlich mehr Flügelschläge machen und auch größere Strecken zurücklegen.
3.

Fliege	158 400
Hummel	684 000
Kohlweißling	43 200

Heuschrecke	72 000
Honigbiene	900 000
Mücke	1 080 000

Lösungen

32. Kaffee-Weltmeister · Seite 54

1. *Individuelle Lösungen, Vorschläge darlegen und erklären lassen*
   Bevölkerung der BRD – mögliche Anzahl der Kaffeetrinker, Transporte, Anzahl der getrunkenen Liter in der BRD usw.

2. a) 12 Milliarden Liter Kaffee
   b) 5 Tassen/Liter – jährlich (150 × 5) 900 Tassen – ca. 2–3 Tassen täglich
   c) ca. 71-mal
   d) 530 Mill. Kilogramm – 1,06 Milliarden Kaffeepakete
   e) ca. 1 800 Tonnen (1 800 000 Kilogramm) – 3 600 000 Pakete an jedem der ca. 300 Verkaufstage

3. *Individuelle Lösungsvorschläge:*
   z. B. hat ein Kaffeepaket etwa die Maße 18 cm × 10 cm,
   z. B. Länge: 36 000 000 cm = 360 km – Höhe: 64 800 000 cm = 648 km
   z. B. werden Kaffeepakete in größere Pakete gepackt usw.

33. Schneemassen · Seite 55

1. Z. B. mithilfe eines 10-l-Eimers ließen sich die zu vermutenden Mengen ermitteln: (Grundfläche 5 cm hoch – ca. 2 Eimer) – angenommen 1,50 m Körper (60 Eimer) und 50 cm Kopf 10 Eimer) – 70 Eimer Altschnee ergeben ca. 350 Liter Wasser.

2. a) etwa der zehnte Teil (7 %–12 %)
   b) etwa die Hälfte (50 %–60 %)
   c) *Es gibt verschiedene Angaben über den Wassergehalt von Schnee. Altschnee ist wesentlich verdichteter als Neuschnee und aus diesem Grund wesentlich schwerer.*

3. a) etwa der zehnte Teil (8 mm)
   b) 20 cm Altschnee – ca. 10 cm (100 mm) Regen, gesamt 108 mm Regen
   c) 10 cm – 108 Liter (knapp 11 Eimer) (Volumen Wasser etwa $\frac{1}{10}$ des Schneevolumens)

34. Tropfenweise · Seite 56

1. a) Herausfinden einer Messgrundlage (Gefäß, Zeitspanne, Messvorgang)

2. a) 600 Tropfen
   b) 3 ml (60 Tropfen)
   c) 1 ml etwa 20 Tropfen
   d) 50 ml (15 Tage); 100 ml (30 Tage) beide mit kleinen Restmengen

3. *Es gibt verschiedene Lösungswege:* es fallen 3 600 Tropfen pro Stunde (180 ml) – der Wasserhahn tropft 19 Stunden (3 420 ml – fast 3 ½ Liter) – der Becher war viel zu klein.

4. a) täglich (4 320 ml) – in 6 Wochen (181 440 ml = 181 Liter)
   b) 81 tropfende Wasserhähne – 14 661 Liter Wasser – 17,59 € – gesamt 35,18 € an Wassergebühren

35. Kalorien müssen sein · Seite 57

1. Alev: 35 × 10 + 140 × 2 –12 × 5 + 650 = 1 220 (kcal)
   Lukas: 37 × 14 + 139 × 5 – 11 × 7 + 66 = 1 202 (kcal)

2. *Eigene Ergebnisse mithilfe der Formel errechnen.*

3. Emma (1 152 kcal) – Katrin (1 133 kcal) – Simon (1 076 kcal) – Nils (1 114 kcal)

4. *Individuelle Lösungen* – wichtig ist die Umrechnung der Gesamtkalorien: Apfel (78) – Banane (142) – Gurke (30) – Ei (ca. 90) – Käse (350) – Joghurt (198) – Würstchen (270) – Hähnchenkeule (550) – Frikadelle (270)

G. Christensen/H.-W. König: Kompetenzorientierte Sachaufgaben aus dem Alltag
© Persen Verlag

36. Kalorienkontrolle
Seite 58

1. Auflistung notwendiger Angaben (Nahrung in Stückzahl oder Gramm) – Kalorienermittlung – Schätzungen und Darstellung der Vorgehensweise wichtiger als exakte Zahlen.

2. a) Zusätzliche Aufnahme/Woche: Schokolade (ca. 1850) – Fast Food (1 600) – Gesamt: ca. 3 450 kcal – Verbrauch: Fußballtraining (ca. 480) – Badminton (ca. 720) – Radfahren (ca. 900) – Fußballspiel (360) – Gesamt: ca. 2 460 kcal

   b) Es ist ein guter Ausgleich, da zu diesen weitere alltägliche Tätigkeiten hinzukommen.

3. Sarah hat ein ausgeglichenes Verhältnis zwischen Aufnahme und Verbrauch von Kalorien (2 100 Kalorien, die durch andere Tätigkeiten leicht abgebaut werden – sie könnte sich sogar mehr leisten). Sie wird sicher keine Gewichtsprobleme bekommen.

37. Fahrenheit und andere Werte:
Seite 59

1.

Florida	Nov.	Dez.	Jan.	Feb.	März
Fahrenheit	81	77	75	77	79
Celsius	27	25	24	25	26

Alaska	Nov.	Dez.	Jan.	Feb.	März
Fahrenheit	+ 18	+ 16	+ 14	+ 18	+ 23
Celsius	– 8	– 9	– 10	– 8	– 5

2.

	Celsius	Unterschied	Fahrenheit	Unterschied
Alaska	– 8	33	18	59
Florida	+ 25		77	

3.

	Celsius	Unterschied	Fahrenheit	Unterschied
Tag	40	33	104	59
Nacht	+ 7		45	

38. Steckbrief für Kreuzfahrer
Seite 60

1. 5001 Menschen sind zu versorgen: *Individuelle Lösungen* (z. B. 2 Eier täglich/Person erfordert allein 70 014 Frühstückseier/Woche

2. a) 1 817 Kabinen

   b) 21,6 Knoten = ca. 40 km/h

   c) Das Schiff muss mindestens 17 Einzelkabinen haben, wenn alle anderen Doppelkabinen sind (für 3 600 Passagieren werden dann 1 800 Kabinen benötigt). Sollten Viererkabinen vorhanden sein, wäre die Anzahl der Einzelkabinen noch größer.

   d) Ein Fußballplatz hat eine Länge zwischen 90 m und 110 m (Behauptung ist richtig.).

   e) Höhe von der Wasserlinie 63,5 m – Raumhöhe in der Regel bei 2,50 m oder höher (Behauptung ist richtig.)

Lösungen

39. Mäuseplage

1.

Zeitspannen	1. Januar	24 Tage später	15 Wochen später (etwa Mitte April)	15 Wochen später (etwa Anfang August)
Anzahl Mäuse	2	8 (2 Eltern + 6 Kinder)	32 (4 Elternpaare mit jeweils 4 Kindern)	128 (16 Elternpaare mit jeweils 6 Kindern)
Anzahl Eltern	1	4	16	64

2.

Zeitspannen	Anfang August	15 Wochen später (etwa Anfang November)	15 Wochen später (etwa Ende Februar)
Anzahl Mäuse	128	512	2 048
Anzahl Eltern	64	256	1 024

Das ist eine Vervierfachung der Population.

3.

	Ende Februar	15 Wochen später	15 Wochen später	15 Wochen später	15 Wochen später	15 Wochen später
Mäuse	2 048	8 192	32 768	131 072	524 288	2 097 152
Elternpaare	1 024	4 096	16 384	65 536	262 144	1 048 576

Mäuse haben sehr viele Feinde. Sie haben eine sehr geringe Lebenserwartung.

40. Freizeitpark

1. 9 Std. Fahrzeit – 40 Wagen/h – 360 Wagen/Tag – 240 Personen/h – 2 160 Personen/Tag – 9. Fahrt: 9:12 Uhr – 25. Fahrt: 9:36 Uhr

2. Niklas: 155. Fahrt ab 9:00 Uhr (40/h) startet 12:51 Uhr. Niklas wartet 53 Minuten – Katrin: Kartennummer 1 427; Differenz zur Kartennummer 1 205 ist 222; 222 : 6 = 37 (Wagen), das entspricht 54 Minuten; Katrin hat ihr Ticket um 13:12 gekauft.

3. In einer Viertelstunde werden 60 Personen befördert, 80 Fahrkarten werden verkauft, in einer Stunde 320. 2 160 Karten stehen für jeden Tag zur Verfügung, die sind in 6 ¾ (6,75) Stunden verkauft. Ab 15.45 Uhr werden keine Fahrkarten mehr für den heutigen Tag verkauft.

4. Einnahmen: 180 Tage (täglich 2 160 Fahrgäste) – 388 800 – 120 Tage (täglich 760) – 86 400 – 60 Tage (täglich 1 080) – 64 800. Insgesamt: ca. 540 000 Fahrgäste – Einnahmen: ca. 3 240 000 €. *Individuelle Lösungen bei der Verteilung der Einnahmen nach den vorgegebenen Kriterien.*

41. Ameisenwelten

1. 400 m² bis 2 500 m² – verschiedene Flächenformen

2. a) 4 km
   b) 5 kg
   c) 100 000 Ameisen

3. a) Eine Ameise könnte bis zu 100 mg tragen und bis zu 170 mg ziehen.
   b) Etwa 17 Ameisen müssen sich für den Transport einer Libelle zusammenfinden.
   c) Das eigen Gewicht mit dem Faktor 10 bzw. 17 multiplizieren.

42. Reger Flugverkehr

1. Airbus: A 310 (8 Liter); A 380 (21 Liter) – Boeing: B 767 (9 Liter); B 777-300 (12 Liter) *Individuelle Lösungen* – Flugzeug hängt auch von der Länge Flugstrecke ab – Anzahl der Besatzungsmitglieder, Auslastung usw.

2. a) Lufthansa A 380 – Delta könnte beide einsetzen (da fast immer ausgebucht, aber wahrscheinlich die Maschine mit der größeren Platzzahl)

G. Christensen/H.-W. König: Kompetenzorientierte Sachaufgaben aus dem Alltag
© Persen Verlag

Lösungen

b) Verbrauch nach N.Y.
   Airbus: A 310 ca. 49 000 Liter; ca. 206 Liter/Person (Dieser Flugzeugtyp könnte Schwierigkeiten mit der Reichweite bekommen.) – A 380: ca. 130 000 Liter, ca. 250 (247,8) Liter pro Person
   Boeing: B 767 55 000 Liter, ca. 250 (249) Liter/Person – B 777-300 74 000 Liter, ca. 210 (211,4) Liter/Person

3. Mittelklassewagen mit ca. 60 Liter Tankfüllung:
   Airbus: A 310 ca. 916 Autos – A 380 ca. 5 333 Autos
   Boeing: B 767 ca. 1 500 Autos – B 777-300 ca. 3 000 Autos

43. Rekordläufe Seite 65

1.

Strecke	100 m	200 m	400 m	800 m	1500 m	5000 m	10.000 m	Marathon	Gehen
Unterschied:	0,9 s	2,0 s	4,4 s	11 s	25 s	1:33 min	3:14 min	10:30 min	9:00 min

a) Der Rekordhalter über 100 m läuft:

Strecke:	Zeit:
400 m	38,4 s
800 m	76,8 s
10 000 m	16:00 min

b) Die Rekordhalterin über 800 m läuft:

Strecke:	Zeit:
1 500 m	2:39 min
5 000 m	8:50 min
10 000 m	7:40 min

c) Der Rekordhalter über 10 000 m läuft:

Strecke:	Zeit:
100 m	15,7 s
800 m	2:05 min
5 000 m	13:14 min

b) Die Rekordhalterin über 10 000 m läuft:

Strecke:	Zeit:
200 m	28,0 s
1 500 m	3:30 min
5 000 m	11:40 min

44. So ein Kohl! Seite 66

1. a) ca. 280 000 (mathematisch genauer wären es 338 800) Weißkohlköpfe
   b) 840 000 kg Kohl
   c) 420 000 kg für Sauerkraut – 56 000 Dosen

2. Ertrag aus dem Sauerkrautverkauf: 22 960 € – 140 000 Weißkohlköpfe werden verkauft: 23 000 € von den Supermärkten bedeuten den Verkauf von 100 000 Köpfen – auf den Wochenmärkten können somit 40 000 € erzielt werden – gesamt: 85 960 €

3. 4 Kohlköpfe/m² – 32 000 Kohlköpfe erfordern somit eine Fläche von 8 000 m² – verschieden Feldgrößen (100 × 80, 200 × 40, 50 × 160 usw.)

45. Wettlauf der Tiere Seite 67

1. Antilope hat 100 m Vorsprung – Gepard braucht für 400 m ca. 15 Sekunden, die Antilope für 300 m ebenfalls ca. 15 Sekunden – die Chancen sind da, aber nicht sicher

2. a) Sarah (300 m), Emilia (250 m) – Das Tempo würden sie nicht über 1 Minute halten können.
   b) Sarah: 50 m vor Emilia, 170 m vor Fliege, 180 m vor Wespe – Emilia: 120 m vor Fliege, 130 m vor Wespe – Fliege: 10 m vor Wespe
   c) 6 Vergleiche

3. a) Mensch (36 km/h)
   b) Kaninchen: 8 km vor Elefant, 9 ½ km vor Mensch, 10 km vor Vogel (Sperling)

4. Läufer (ca. 19 km/h – 20 km/h) Läuferin (17 km/h – 18 km/h) – Pferd (18 km/h)

Lösungen

46. Bettenauslastung Seite 68

1. 10 Zimmer (6 DZ, 4 EZ) – 70 Nächte können vermietet werden – 33 Nächte sind vermietet – von 42 Nächten im DZ sind 17 belegt, von 28 Nächten im EZ sind 16 belegt) – Wochenende wird kaum genutzt, vorwiegend wohl von Einzelpersonen, Einnahmen: DZ möglich (3 990 €) – tatsächlich (1 615) – Differenz (2 375 €), EZ: möglich (2 016 €) – tatsächlich (1 152 €) – Differenz (864 €) – Zimmer 205 und 304 möglicherweise im schlechten Zustand, schlechte Lage usw.

2. *Individuelle Lösungen (z. B. Verbilligungen bei längerer Belegung, Wochenendtarif, mehr Einzel-zimmer einrichten, Unterscheiden zwischen Standard-, Komfort und Luxus-Zimmer u. Ä.)*

3. Aufenthalt mit Aktivitäten verbinden, Pauschalangebote für Familien oder andere Gruppen o. Ä.)

47. Ampelstau Seite 69

1. Es dauert ca. 5 Sekunden, bis das erste Fahrzeug über die Kreuzung fährt, dann folgen die anderen Fahrzeuge etwa im Abstand von 2 Sekunden, ca. 25–30 Fahrzeuge können die Kreuzung passieren – Länge der Fahrzeuge: PKW (5 m), Bus (12 m), LKW (12–15 m) – Abstand der Fahrzeuge 1 m – Ermittlung des Ergebnisses über Näherungsverfahren – 4 Busse + 4 LKW (ca. 100 m), bleiben 900 m für PKW (ca. 150 Fahrzeuge) – ca. 5 Ampelphasen-Minuten (5 Min. + 7 ½ Min.) – ca. 12–15 Minuten Wartezeit

2. 7 200 Fahrzeuge Verkehrsaufkommen bedeuten 3 600 Fahrzeuge in jede Richtung – 1 200 Fahr-zeuge pro Std. – das bedeutet, dass jede Minute ca. 20 Fahrzeuge die Kreuzung erreichen – bei 1 Minute Rotphase sammeln sich ca. 20 Fahrzeuge vor der Ampel – in 1 ½ Minuten können ca. 45 Fahrzeuge die Kreuzung passieren

3. z. B. Umleitung des LKW-Verkehrs – vierspuriger Kreuzungsbereich – Änderung der Ampel-phasen o. Ä.

48. Teure Energie Seite 70

1. a) 1. Jahr (619,50 €) – 2.Jahr (696,96 €) – 3. Jahr (21 ct)
   b) 1. Jahr: Pauschale (660 €), Guthaben 40,50 €) – 2. Jahr: Pauschale (715 €), Guthaben 18,04 €) – 3. Jahr: Pauschale (770 €), Nachzahlung (64,75 €)

2. a) 360 Tage im Jahr: 360 Stunden Brenndauer/Glühlampe: 40 W (14 kWh) – 9 W (3 kWh) – 60 W (21 kWh) – 11W (4 kWh) – 75 W (27 kWh) – 15 W (5 kWh)
   Ersparnis: 40 W (11 KWh) – 60 W (17 kWh) – 75 W (22 kWh)
   Gesamt: ca. 50 kWh (bei einem Strompreis von 0,21 macht das eine Ersparnis von ca. 10 €) – bei mehrstündigem Brennen der Lampen entsprechend höher
   b) Ersparnis: 75 Watt (3 Lampen/2 Std. = 132 kWh) – 60 W (5 Lampen/3 Std. = 255 kWh) 40 W (7 Lampen/4 Std. = 308 kWh) – gesamt: 695 kWh – bei einem Preis von 0,21 € eine Ersparnis von ca. 145 €

3. *Individuelle Lösungen, es genügen Überschlagsrechnungen.*

49. Zu viel Strom im Rathaus Seite 72

Gebäudereinigung (8 Millionen) – Wärme (1 600 000) – Strom (600 000) – Wasser (200 000) – 22 andere Gebäude (Beispiele nennen lassen – durchschnittliche Größe der Gebäude : 4 200 m² – durchschnittliche Kosten/Gebäude: ca. 176 000 € – Berücksichtigung der Mehrkosten für Schulen usw.

G. Christensen/H.-W. König: Kompetenzorientierte Sachaufgaben aus dem Alltag
© Persen Verlag

Lösungen

50. Bessere Stadt-Bedingungen Seite 73

1. Altstädt:

z. B. 1 Schule pro 2 100 Einwohner, 160 Klassen für 4 000 Schüler, 25 Schüler pro Klasse/1 Lehrkraft für 12,5 Schüler, für 2 000 Kinder 980 Plätze (fast für jedes 2. Kind), für jedes 5. Kind einen Kita-Platz, für 7 500 Senioren 700 Betreuungsplätze (fast für jeden 10. Senior).

Neustadt:

z. B.: 1 Schule pro 2 000 Einwohner, 150 Klassen für 3 200 Schüler, 21 Schüler pro Klasse/1 Lehrkraft für 14 Schüler, für 1 700 Kinder 60 Plätze (fast für jedes 3. Kind), für jedes 11. Kind einen Kita-Platz, für 6 000 Senioren 400 Betreuungsplätze (fast für jeden 15. Senior)

2. a) Altstädt: 0 bis 18 Jahre ca. 6 000 (davon ca. 2 000 0 bis 6 Jahre); 19 bis 60 Jahre: ca. 15 000; über 60 Jahre (ca. 7 500)

   b) Neustadt: 0 bis 18 Jahre ca. 4 800 (davon ca. 1 600 0 bis 6 Jahre); 19 bis 60 Jahre: ca. 12 000; über 60 Jahre (ca. 6 000)

51. Bevölkerung auf dem Kopf Seite 74

Individuelle Lösungen, die dargestellt und an Hand der Statistik aufgezeigt werden. Es kommt nicht darauf an, genaue Zahlen abzulesen. „Auf dem Kopf" bedeutet vor allem die Vergleiche der statistischen Bevölkerungspyramiden (z. B. 1910 und 2009).

52. Familien im Wandel Seite 75

1.

Haushalt	5 und mehr P.	4 P.	3 P.	2 P.	1 P.
Anzahl von 100	4	10	13	34	39
Anzahl Personen	mind. 20 P.	40 P.	39 P.	68 P.	39 P.

2.

Haushalt	5 und mehr P.	4 P.	3 P.	2 P.	1 P.
Anzahl von 40 Mio.	1,6 Mio	4 Mio	5,2 Mio	13,6 Mio	15,6 Mio
Anzahl Personen	mind. 8 Mio	16 Mio	15,6 Mio	27,2 Mio	15,6 Mio

3. Andere Familienstrukturen (viele Kinder um 1900) bzw. Formen des Zusammenlebens heute (Single, hoher Anteil von Ehepaaren ohne Kinder) erfordern Konsequenzen z. B. für den Wohnungsbau, Schulen und Freizeiteinrichtungen.

G. Christensen/H.-W. König: Kompetenzorientierte Sachaufgaben aus dem Alltag
© Persen Verlag

Bildnachweis

G. Christensen/H.-W. König: Kompetenzorientierte Sachaufgaben aus dem Alltag
© Persen Verlag